KB057879

잠수함의 과학

SENSUIKAN NO TATAKAU GIJUTSU
Copyright © 2015 Toshihide Yamauchi
All rights reserved.

No part of this book may be used or reproduced in any manner whatsoever without written permission except in the case of brief quotations embodied in critical articles and reviews.
Originally published in Japan in 2015 by SB Creative Corp.
Korean Translation Copyright © 2023 by BONUS Publishing Co.
Korean edition is published by arrangement with SB Creative Corp. through BC Agency.

이 책의 한국어판 저작권은 BC 에이전시를 통한 저작권자와의 독점 계약으로 보누스출판사에 있습니다. 저작권법에 의해 보호를 받는 저작물이므로 무단전재와 무단복제를 금합니다.

잠수함의 과학

적을 은밀하게 추적하고
격침하고 교란하며 핵탄두까지 발사하는
잠수함 메커니즘 해설

야마우치 도시히데 지음 | **강태욱** 옮김

보누스

머리말

현대전에서 차지하는 잠수함의 위상

일본의 소류급 잠수함이 호주에 수출될지 모른다는 뉴스를 기억하고 있는지 모르겠다. 일본과 호주가 교섭을 이어가는 과정에서 잠수함, 특히 재래식 잠수함이 주목을 받은 점도 함께 말이다. 이 이야기의 배경에는 호주뿐 아니라 아시아의 여러 나라에서 잠수함 부대의 창설과 근대화, 군비 증강이 활발하게 이뤄지고 있다는 국제 정세가 있다.

말레이시아는 프랑스로부터 스코르펜급 잠수함 2척을 구매했고, 베트남은 2009년에 킬로급 잠수함 6척을 러시아로부터 구매했다. 현재는 3번함까지 베트남 해군의 전열에 더해졌다. 인도네시아는 1990년대 초에 독일의 209급 잠수함 2척을 정비했으며, 잠수함 3척을 대한민국에 발주한 상태다. 최종적으로는 12척까지 증강할 계획이다. 필리핀은 이후에 잠수함 3척을 구매하겠다는 계획을 발표했다. 싱가포르도 오래된 잠수함 4척을 독일의 Type 218SG로 대체한다.

이러한 움직임은 중국에 대응하려는 방법의 하나로 볼 수 있다. 이 나라들이 압도적인 힘을 지닌 중국 해군에 대응하기 위한 수단으로 잠수함을 선택한 것이다. 그렇다면 잠수함이 선택된 이유는 무엇일까? 바로 잠수함은 잠수하기 때문이다.

잠수함이 등장한 이래로 잠수함 대부분은 단 1척이 전함과 항공모함을 중심으로 하는 강력한 수상 함대에 맞서왔다. 오늘날 표현을 빌리자면 잠수함은 해군이 지닌 궁극의 비대칭 전력이다. 속력, 화력, 장갑에서 모두 열세인 잠수함이 이렇게 맞설 수 있는 것은 은밀성 때문이다. 잠수함은 물이라는 베일을 휘감아서 은밀성을 손에 넣었다. 은밀성을 위해서 잠수함은 '비밀투성이'라고 불릴 정도로 많은 정보가 공개되지 않았다. 그렇기에 잠수함을 보유하기만 해도 상대방의 행동을 억제할 수 있다. 게다가 잠수함을 발견하고 그 위력을 배제하기 위해서 상대방은 강제로 막대한 자산과 노력을 들일 수밖에 없다.

누구나 일본 가나가와현 요코스카시의 JR 요코스카역에 내리면 바다 건너편에 있는 잠수함을 볼 수 있다. 히로시마현 구레시에서도 국도변의 버스 정류장에서 검은 선체를 가까이 볼 수 있다. TV에서는 "최초로 잠수함 안에 TV 카메라가 들어갔다."라고 말하며 함내를 소개하는 방송이 나온 적도 있다. 그러나 이러한 방법으로는 잠수함의 진정한 모습을 볼 수 없을 것이다. 그 이유는 '전투'라는 시점으로 보지 않기 때문이다. '전투'라는 시점으로 보았을 때 '물의 베일을 두른다'라는 것이 어떤 의미인지, 어떻게 해야 물의 베일을 두를 수 있는지, 물의 베일을 두르면 어떤 전투 방식이 가능한지 등 여러 의문에 답할 수 있을 것이다. 이 책은 여러 궁금증을 가로막는 비밀의 벽을 조금이라도 허물고, 잠수함의 본질에 한 걸음이라도 가까이 다가가고자 만들어졌다.

잠수함으로 싸우려면 먼저 다양한 요소를 서로 엮어야 한다. 그러므로 잠수함의 본질에 다가가기 위해 이렇게 엮인 요소를 풀고 이를 살펴볼 것이다. 잠수함의 역사라는 '실'을 찾아 나서며, 때로는 잠수함이 어떤 구조로 돼 있는지, 만들 때 어떤 점을 주의하는지를 알아본다. 이를 날실이라고 한다면 애초에 잠수함의 잠수란 무엇을 뜻하는지, 잠수한 바닷속 환경은 어떠한지, 바닷속에서 어떻게 행동하는지에 관한 것은 씨실이라고 할 수 있다. 서로 엮인 2가지 실의 내용을 살펴볼 예정이다. 그리고 핵심이라고 할 수 있는 잠수함을 잠수함답게 만드는 것, 즉 적과 싸우는 데 필요한 기량이 무엇인지를 다룬다. 잠수함이 생존하기 위해 어떤 싸움을 하고 있는지도 잊어서는 안 되는 중요한 실이라고 할 수 있다.

다양하게 엮인 실을 사진과 일러스트를 활용해 최대한 쉽게 풀어 설명하고자 노력했다. 혹시라도 이 책을 통해 여러분이 잠수함에 관심을 기울이고 좋아해 준다면, 이보다 더 큰 기쁨은 없을 것이다.

차례

1장

잠수함의 역사

잠수함은 어느 시기에 어떤 목적으로 개발됐고, 어떻게 운용했을까?
수동식 잠수함의 발명부터 원자력 잠수함의 등장까지 살펴보자.

무기는 폭약이 달린 송곳

역사 최초의 잠수함 공격

미국독립전쟁이 한창 진행되던 와중에 인류 역사에서 최초로 잠수함이 함선을 공격하는 일이 일어났다. 터틀이라는 이름의 잠수함은 물속에서 움직이며 정박 중인 영국 전함의 선저에 폭약을 설치하려 했다. 1776년의 일이다.

터틀은 부슈널(Bushnel)이라는 인물이 만들었는데, 나무로 만들어졌으며 밥그릇을 위아래로 합친 모양처럼 생겼다. 머리 부분에는 수동식 스크루가 있고, 심도 변경을 위해 수직 방향으로도 스크루가 달렸으며 키(방향타)로 물속을 이동할 수 있도록 만들었다. 오늘날의 밸러스트 탱크와 조절 탱크의 역할을 겸하는 잠수 목적의 탱크가 선내에 있고, 이 탱크에는 발로 밟는 방식의 주수 밸브와 배수펌프가 설치돼 있다. (밸러스트 탱크와 조절 탱크가 무엇인지는 이후에 자세히 설명하겠다.)

그렇다면 터틀은 어떤 방법으로 적함을 공격했을까? 잠수한 터틀은 적함의 위치에 도착하면 함내에서 핸들을 조작해 선체 윗부분에 설치된 송곳을 적함의 선저에 꽂는다. 이 송곳에는 터틀이 뒤에 싣고 있는 시한폭탄이 밧줄로 연결돼 있다. 터틀이 선저에 송곳을 꽂은 뒤에 그 자리를 벗어나면 적의 선저에는 폭약만 남고, 지정한 시간이 지나면 폭발하는 구조다.

허드슨강의 영국 전함을 공격한 것이 터틀의 첫 실전이었다. 이때는 목표인 전함의 선저에 금속판이 덧대어져 있었기 때문에 송곳을 제대로 꽂기가 어려웠다. 결국 거리를 벌리는 도중에 떨어진 폭약이 수중에서 폭발하며 적을 놀라게 하는 것이 고작이었다.

두 번째 실전은 뉴런던에서 벌어졌으며 마찬가지로 영국 전함을 상대로 공격했다. 이때는 폭약을 제대로 붙였지만, 송곳과 폭약을 연결하는 밧줄이 발각됐고, 폭약은 배 위로 끌어당기는 와중에 폭발해 피해가 없었다고 전해진다.

▲ 터틀의 개념도. 선체 상부에 장착된 송곳에 폭약이 달렸다. 이 송곳을 적함의 선저에 꽂는다. (자료 : 미국 해군)

1-02 시조새 같은 존재에서 근대적 잠수함으로

수중 행동을 가능하게 만든 배터리

터틀이 등장한 이후에 다양한 시도가 있었다. 증기선을 개발한 풀턴(Fulton)이 1800년에 '노틸러스'를 시험 제작했다. 제작에는 성공했지만, 끝내 군대에 도입시키지는 못했다. 이어서 증기기관을 갖춘 잠수함 개발에 착수했으나 도중에 세상을 떠났다. 남북전쟁 중에는 승조원 9명을 태운 헌리가 북군의 군함 '후사토닉'을 격침하는 수훈을 세웠다. 헌리는 함수에 폭약이 설치된 긴 막대가 달렸으며, 이를 적함의 가장자리에 찔러서 적을 격침하고자 했다. 이 폭약이 설치된 막대는 활대기뢰(spar torpedo)라는 이름으로 불렸다.

앞선 경우들은 '물속을 이동해 적함을 공격한다'라는 의미로 보면 계획적이라고 할 수 있어도 동력이 인력이고, 공격 수단도 원시적이었다. 잠수함의 역사로 따지면 시조새와 같은 존재라고 할 수 있다.

시조새 같은 잠수함이 근대적 잠수함으로 발전하려면 새로운 기술 3가지가 필요하다. 가장 먼저 필요한 기술은 내연 기관의 개발과 발전이다. 1823년에 브라운(Brown)이라는 영국인이 실용적인 가스 기관을 제작했고, 이후 약 60년이 지난 1884년에 자동차 실용화의 아버지라고 불리는 독일의 다임러(Daimler)가 고속 가솔린 기관을 제작했다. 이 덕분에 잠수함에 필요한 동력원 중 하나가 확보됐다. 다만 물속에서는 공

◀ 발견된 헌리
(자료 : 미국 해군)

기가 필요한 가솔린 기관을 사용할 수 없었으므로 수중 활동을 가능하게 하는 동력원이 또 하나 필요했다. 그래서 주목받은 것이 전지다. 그것도 수중 활동 중에 방전하더라도 다시 충전해 반복적으로 사용할 수 있는 전지 말이다. 1859년, 프랑스의 플란테가 묽은 황산에 이산화납과 납판을 넣은 이차전지를 발명했다. 납축전지는 이후에도 여러 차례 개량됐으며, 현재도 잠수함용 전지로 계속 사용되고 있다.

잠수함을 군함으로 만드는 어뢰

잠수함을 군함의 지위로 끌어올린 것은 어뢰의 완성이었다. 최초 어뢰는 호주 해군으로부터 물속을 가르는 어뢰의 개발을 의뢰받은 영국인 화이트헤드(Whitehead)가 1866년에 완성했다. 화이트헤드의 어뢰는 세계 해군에 연달아 도입됐고, 각 나라는 계속해서 수뢰정을 건조했다. 여담이지만 이 수뢰정을 몰아내고 주력인 전함을 지키기 위해 건조한 것이 구축함이다. 이후에 구축함은 자체적으로 어뢰를 설치해 수뢰정 역할도 겸했다. 한편 영국 해군은 1870년대 초에 화이트헤드의 어뢰를 잠수함에 탑재했다.

잠수함의 아버지라고 불리는 존 홀랜드(John Holland)는 1878년에 시제품인 홀랜드 1호정을 제작했고, 계속해서 시제품을 제작했다. 1898년, 근대 잠수함의 출발점이라고 할 수 있는 홀랜드 VI를 완성했다. 홀랜드 VI는 전장 53피트(약 16.2m), 배수량 63톤, 45마력짜리 가솔린 엔진과 전지 60기를 갖췄다.

전시된 홀랜드 VI의 모습을 본 당시 해군 부장관 시어도어 루스벨트(나중에 미국 26대 대통령이 된다.)는 홀랜드 잠수함을 구매할 것을 장관에게 진언했고, 미국 해군은 1900년 4월에 홀랜드 VI 잠수정을 구매했다. 그해 10월에는 '홀랜드'라는 이름과 함께 함번 SS-1을 부여받고 취역했다.

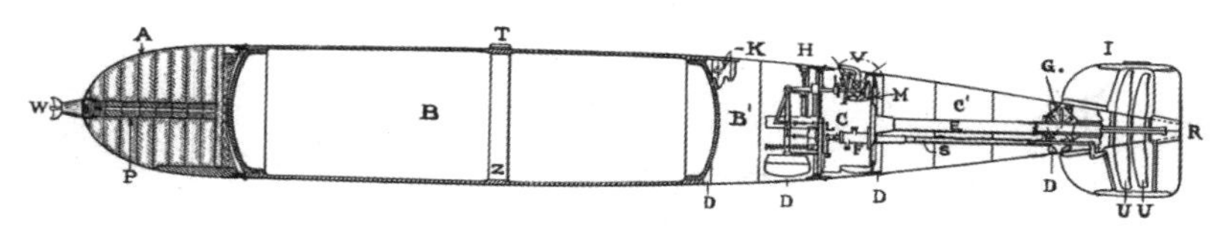

▲ 화이트헤드 어뢰의 구조 (자료 : 《The Whitehead Torpedo. U.S.N.》, 미국 해군, 1898년)

A : 탄두(war-head)
B : 기실(air-flask)
B' : 온수 구획(immersion-chamber)
C : 엔진 룸(engine-room)
C' : 후부 동체(after-body)
D : 배수구(drain-holes)
E : 샤프트 튜브(shaft-tube)
F : 스티어링 엔진(steering-engine)
G : 베벨 기어 박스(bevel-gear box)
H : 심도 검출기(depth-index)
I : 후미(tail)
K : 충전 및 정지 밸브군(charging and stop-valves)
L : 고정 기어(locking-gear)
M : 엔진 받침판(engine bed-plate)
P : 뇌관 케이스(primer-case)
R : 방향타(rudder)
S : 조타 로드 튜브(sttering-rod tube)
T : 가이드 스터드(guide-stud)
U : 프로펠러(propellers)
V : 밸브군(valve-group)
W : 신관(war-nose)
Z : 보강 밴드(strengthening-band)

◀ 잠수함의 아버지라고 불리는 존 홀랜드
(자료 : 미국 해군)

◀ 홀랜드 VI급 잠수함
(자료 : 미국 해군)

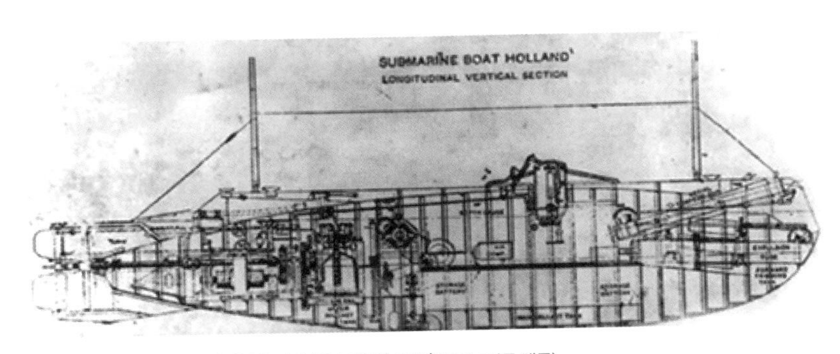

▲ 미국 해군에 채용된 홀랜드급 잠수함의 도면 (자료 : 미국 해군)

일본 최초의 잠수함

이스탄불에서 처음 만나다

일본 와카야마현 시오노곶 가까이에 가시노자키라는 곳이 있다. 이곳에는 멋진 위령비가 세워져 있다. 이 위령비는 튀르키예의 군함 '에르투으룰호'의 해난 사고로 사망한 사람들을 기리기 위해 세워진 것이다.

에르투으룰호는 1890년 9월에 태풍을 만나 난파됐는데, 근처 주민들이 비축해 뒀던 식료품과 물자를 지원하며 헌신적인 구조 활동을 벌인 덕분에 가시노자키에 흘러 들어온 승조원 중 69명이 생환했다.

이 사고는 일본과 튀르키예가 우호 관계를 맺는 초석이 된 사건인데, 다음 해에는 생존자를 튀르키예로 돌려보내기 위해 '히에이'와 '공고'라는 군함이 이스탄불로 파견된다. 이때 함께 타고 있던 사관이 잠수함 2척의 존재를 확인한 것이 일본과 잠수함의 첫 만남이었다.

이후 1897년, 미국에서 건조 중이었던 군함 '가사기'를 받기 위해 미국으로 향하던 사관 한 명이 홀랜드급 잠수함의 시운전을 보도한 뉴스를 접했다. 건조 회사와 협상한 결과, 그 사관은 시운전뿐 아니라 어뢰 발사 시험에도 입회할 기회를 얻었다. 이때 미국에서는 '양보해도 좋다.'라는 의사를 내비쳤고, 이것이 일본 제국 해군 대신인 야마모토 곤노효에에게 보고됐으나 구매로 이어지진 못했다.

다음 해에는 미국에 주재하던 이데 겐지 대위가 〈홀랜드급 잠항 수뢰정에 관한 보고〉라는 보고서를 제출했다. 러시아와 관계가 좋게 흘러 가지 않는 와중에 1901년, 해군 확장 계획에 따라 홀랜드급 잠수정 4척을 구매하려 했으나 이 또한 실현되지는 않았다. 1904년에 러일 전쟁이 시작됐고 5월 15일에는 전함 '야시마', '하쓰세'가 침몰하는 등 수많은 함정이 파괴되고 피해를 봐서 수리가 필요했다. 결국 일본 해군은 함정 긴급보급계획을 세웠는데, 이 계획안에는 미국의 일렉트릭 보트사에 발주한 잠수정 5척도 포함돼 있었다.

◀ 에르투으룰호는 답례차 사절로 일본에 파견됐고, 3개월 동안 요코하마항에 정박했다. 돌아가는 길에 태풍을 만나 침몰했다. (자료 : 위키피디아)

◀ 가시노자키 등대의 근처에 있는 튀르키예 군함 조난 위령비. 지금도 5년마다 추모식이 이뤄진다.

1-04 잠수함과 항공기의 합체

건조와 운용이 어렵다는 단점이 있다

잠수함의 최대 무기는 물속으로 숨을 수 있다는 점이다. 이는 은밀성이라 하며 앞으로도 계속 나올 단어다. 이 은밀성 덕분에 적 또는 적이 될 수 있는 상대방의 영역 안으로 몰래 침입해 정보를 수집할 수 있다.

그러나 상대방에게 들키지 않으면서 정보를 수집하고자 잠항해 침입하는 것이므로 정보 수집은 잠망경을 물 위로 꺼내 보는 방식으로 이뤄진다. 수면에 살짝 튀어나온 잠망경으로 볼 수 있는 범위는 한정적이라서 멀리까지 볼 수는 없다. 따라서 잠수함을 이용한 감시나 정찰에는 한계가 있다.

이 지점에서 항공기가 있으면 잠수함의 결점을 보완할 수 있으니 '잠수함에 항공기를 탑재해서 적의 요지를 감시하고 정찰하자.'라는 아이디어가 등장했다. 1920년대 각국 해군은 이 생각을 실현하려고 몇 차례 시도했으며 영국 해군의 M2 잠수함, 프랑스의 '쉬르쿠프'가 대표적이다. 대부분 실험 단계를 넘지 못했지만, 일본 해군이 실용화에 처음 성공했다.

일본 해군은 제1차 세계대전 이후 잠수함을 '함대 결전을 보조하는 병력'으로 평가했고, 외양 수행 능력이 있는 대형 잠수함을 계획했다. 독일로부터 U142 잠수함의 도면을 입수한 일본 해군은 순잠 1형이라

▲ 수상기를 준비하는 영국의 M2 잠수함 (자료 : 일본 해군 잡지 〈소라토우미〉, 1933년)

▲ 이400형 잠수함. 사진은 미군에 항복한 후의 이401 잠수함. (자료 : 위키피디아)

불리는 순양 잠수함을 건조했다. 그중 한 척인 이5형 잠수함은 함교 뒤에 소형 비행기를 분해해 수납하는 격납통을 설치하고, 소형 수상 정찰기를 탑재했다. 이후 순잠 2형, 순잠 3형, 순잠 갑형, 순잠 을형이 건조됐고 각 잠수함에는 소형 수상 정찰기가 탑재됐으며 순잠 3형까지는 96식 소형 수상 정찰기, 순잠 갑형과 순잠 을형에는 0식 소형 수상 정찰기가 탑재됐다. 다만 건조와 운용에 어려움이 많아서 실제 전과를 남기지는 못했다.

이25 잠수함의 수상 정찰기

순잠 을형 중 한 척인 이25 잠수함은 소이탄 2발이 설치된 9식 소형 수상 정찰기를 탑재한 채 미국 서해안으로 향했고, 1942년 9월에 오리건주를 폭격했다. 다만 성과는 산불을 내는 정도에 불과했다.

일본 해군은 더 나아가 미국 서해안 및 파나마 운하를 공격하기 위한 잠수함과 탑재기를 개발하기로 결정했다. 1944년 12월 30일에는 해저 항모라 불러도 손색이 없는 특형 잠수함의 1번함 이400이 취역했다. 이 잠수함은 기준 배수량 3,530톤, 전장 122m, 14노트(약 26km/h)로 항속 거리가 약 3만 7,000해리(약 6만 8,500km)였다. 우여곡절을 거쳐, 플로트(부주)가 없는 경우에 폭탄 800kg 또는 어뢰 1발을 탑재할 수 있는 '세이란' 수상 공격기 3기가 실렸다. 특형 잠수함에 더해 갑형개2 이13, 이14 잠수함도 '세이란' 수상 공격기 2기를 탑재했다.

특형 잠수함은 계획했던 미국 서해안과 파나마 운하가 아니라 미군의 근거지인 울리시 환초를 공격하려고 출격했다. 그러나 공격하기 전에 종전됐고, 미국 해군의 여러 시험을 거쳐 해몰 처분이 됐다. 현재 하와이 앞바다 아래에 잠들어 있다.

◀ 0식 소형 수상 정찰기. 1942년 9월에 이25 잠수함에서 출격한 군용기다. (자료 : 위키피디아)

1-05 탄도 미사일이 탑재된 잠수함의 출현

핵 억지력을 발휘하는 존재

제2차 세계대전 말기에 독일은 영국을 공격하려고 V-1, V-2 로켓을 개발했으며 이를 실전에 사용했다. 전후 독일의 로켓 기술은 기술자와 함께 미국과 구소련으로 옮겨 갔다.

미국에서는 1950년대 중기에 사거리가 약 1,000km인 레귤러스 I 미사일이 개발됐고, 이어서 사거리 약 2,200km에 핵탄두 탑재가 가능한 레귤러스 II 미사일이 완성됐다. 건조 중이었던 '그레이백', '그라울러' 잠수함은 레귤러스 II를 탑재하기 위해 개조됐고, 함수에는 레귤러스 격납통 2기와 함께 함교 바로 앞에 발사대가 설치됐다.

▲ 레귤러스 미사일을 발사하는 미국 해군의 잠수함 '할리벗' (자료 : 미국 해군)

다만 그레이백과 그라울러는 재래식 잠수함이었으므로 작전 수행력에 한계가 있었다. 이런 이유로 미국 해군은 레귤러스 II 미사일을 원자력 잠수함에 탑재하기로 결정했고, '할리벗'을 건조했다. 다만 레귤러스 II 미사일을 발사하기 위해서는 잠수함이 부상해야 하며, 또한 목표에 명중시키려면 끝까지 유도할 필요가 있었다. 그런데 적지의 깊은 곳에 있는 목표를 공격하기 위한 유도 방법이 없었다. 결국 물속에서 발사할 수 있고, 발사 초기 단계에서는 유도를 약간 돕더라도 이후에 탄도가 스스로 목표에 도달할 수 있는 탄도 미사일을 개발하기로 한다.

이 과정을 거쳐서 완성된 것이 폴라리스 탄도 미사일이다. 할리벗이 취역했을 때는 이미 폴라리스 탄도 미사일을 만들 계획이 있었기 때문에 레귤러스 II는 생산 중지가 결정된 상태였다. 여전히 할리벗은 함수에 설치된 레귤러스 격납통을 이용해 특수 임무에서 활약한다.

미국의 첫 전략 원잠이 임무를 시작하다

폴라리스 탄도 미사일 개발을 시작한 다음 해인 1957년, 미국 해군은 폴라리스 탄도 미사일의 발사 모체가 되는 잠수함의 건조를 발주했다. 완전히 새로운 설계를 하기에는 시간이 부족했기 때문에 건조 중이던 '스킵잭급 잠수함'의 선체를 반으로 절단하고, 그 안에 미사일 발사통 16기가 들어갈 구획을 삽입하는 공법으로 건조했다. 이 공법은 중국의 '샤'급 및 '진'급 탄도 미사일 원자력 잠수함의 건조에도 채용됐다. 1959년 마침내 '조지 워싱턴'이 취역했다. 다음 해 6월 30일, 조지 워싱턴은 잠항 상태에서 폴라리스 탄도 미사일을 발사하는 데 성공했고, "Polaris-Out of the Deep to Target. Perfect."라는 메시지를 발신했다. 몇 개월 뒤에 조지 워싱턴은 미국 최초로 전략 핵 억지 임무를 개시했다.

▲ 세계 최초로 본격적인 핵 억지 임무를 수행한 탄도 미사일 탑재 원자력 잠수함 '조지 워싱턴' (자료 : 미국 해군)

◀ 트라이던트 탄도 미사일의 발사 모습. 트라이던트 탄도 미사일은 미국 해군이 운용하는 잠수함 발사형 탄도 미사일이다. 1979년에 배치했고, 1990년부터는 능력이 향상된 모델이 배치됐다. 고체 연료를 사용한 3단식 미사일이며 사거리는 7,360~12,000km로 알려져 있다. 475킬로톤의 핵탄두 8기를 탑재했으며, 이 핵탄두는 재돌입할 때 각 탄두가 목표를 향하도록 프로그래밍이 된 것으로 MIRV화라고 불린다. '오하이오'급 탄도 미사일 탑재 원자력 잠수함은 이 미사일 24기를 탑재했다. (자료 : 미국 해군)

▲ 비상 중인 지상 공격형 토마호크 순항 미사일. 미국 해군이 운용하는 순항 미사일이며 개발하는 데 약 10년이 걸렸다. 처음에는 대지상 공격형과 대함 공격형이 있었으나, 대함 공격형은 이미 퇴역했다. 탄두는 핵탄두 또는 통산 탄두다. 다양한 파생형이 있으며 사거리는 460~3,000km로 알려져 있다. 2세대 및 3세대의 '로스앤젤레스'급 원자력 잠수함, '시울프'급 원자력 잠수함, '버지니아'급 원자력 잠수함 및 '오하이오'급 탄도 미사일 탑재 원자력 잠수함을 개조한 '오하이오'급 순항 미사일 탑재 원자력 잠수함 4척에 탑재돼 있다. (자료 : 미국 해군)

1-06 세계 최초의 원자력 잠수함

소설에서 유래한 '노틸러스'

히로시마와 나가사키에 원자폭탄이 투하되고 나서 거의 1년이 지난 뒤인 1946년, 테네시주에 있는 오크리지 연구소에는 미국 해군에서 파견한 대령이 있었다. 그는 하이먼 리코버(Hyman G. Rickover). 바로 '원자력 해군의 아버지'라고 불리는 인물이다.

미국 해군은 1939년에 핵분열을 잠수함 동력으로 응용하는 계획을 두고 토론을 벌였으나, 제2차 세계대전 중에는 원자폭탄 개발을 우선하는 바람에 핵분열을 이용한 잠수함용 동력 장치의 개발은 뒤로 미뤄졌다.

리코버 대령은 원자력 잠수함 개발을 계속 주장했고, 마침내 당시 해군작전부장이었던 체스터 니미츠(Chester W. Nimitz)의 승인을 얻는 데에 성공했다. 1948년, 미국원자력위원회는 잠수함 원자로 계획(STR 계획. Submarine Thermal Reactor)을 정규 연구 과제로 결정했다.

STR Mk1(STR 1형이라는 의미)이라고 불린 핵 동력 장치는 잠수함 안과 동일한 조건으로 아이다호주의 사막에 설치됐다. 1953년 3월에는 임계점에 도달해서 원자로와 증기 터빈을 연접한 부하 시험을 진행했다. 6월에는 2,500해리(약 4,600km) 항해에 상당하는 96시간 전력 운전에 성공했다. STR Mk1의 시험 결과를 바탕으로 실제 잠수함에 탑재할

STR Mk2가 제조됐다.

1950년 8월, 대통령이 원자로를 탑재한 잠수함의 제작을 승인했고 민간 회사 중 잠수함 건조의 명문이라 불리는 일렉트릭 보트사가 미국 해군과 계약을 체결해 1952년 6월 건조에 들어갔다.

▲ 진수하는 세계 최초의 원자력 잠수함, 미국 해군의 '노틸러스' (자료 : 미국 해군)

선형은 GUPPY급으로 만들어졌다. GUPPY는 Great Underwater Propulsion Power를 줄인 단어로 Y는 발음하기 편하게 만들려고 덧붙인 것이다. 제2차 세계대전 당시, 미국 해군은 잠수함의 수중 속력 및 운동 성능을 높이고자 기존에는 상갑판에 설치했던 대포를 철거하고 사령탑과 잠망경을 세일이라는 구조물로 덮었다. 최초의 원자력 잠수함은 이러한 GUPPY급으로 만들어졌다. 다만 원자로를 탑재한 덕분에 배수량은 기존 GUPPY급 잠수함보다 훨씬 커서 3,500톤이다.

이 잠수함에는 노틸러스라는 함명이 붙었다. 노틸러스는 1954년 1월에 진수했고, 9월에 세계 최초의 원자력 잠수함으로서 미국 해군의 군함기를 높게 걸고 취역했다.

1955년, '노틸러스'는 첫 항해를 시작했다. 이때 발신한 전보는 원자력 해군의 서막을 알리는 역사적 메시지였다.

"Underway on Nuclear Power.(본함은 원자력으로 추진 중이다.)"

스노클(3-5 참고)을 실시하지 않는 연속 잠항 기록 1,381해리(약 2,558km), 16노트(약 30km/h) 연속 수중 고속 항행, 연속 잠항 기록 90시간 등의 기록을 세운 노틸러스는 1958년에 '노틸러스 북위 90도'라는 메시지와 함께 북극점을 최초로 잠항해 통과하는 영예를 누렸다. 노틸러스가 북극점을 잠항해 통과했으나 북극점 부상의 영예를 누린 것은 노틸러스의 성과를 이어받아 양산된 '스케이트급' 원자력 잠수함의 1번함 '스케이트'였다.

▲ 세계 최초의 원자력 잠수함 노틸러스 (자료 : 미국 해군)

▲ 세계 최초로 북극점에 부상한 미국 해군의 원자력 잠수함 스케이트 (자료 : 미국 해군)

2장

잠수함의 구조

물속에서 움직이는 잠수함은 구조가 어떨까? 이번 장에서는 수압에 버티기 위한 구조, 물속에서 속력을 내기 위한 선형, 움직일 때 빠질 수 없는 각종 키의 역할 등을 알아본다.

2-01 내각, 외각, 상부 구조물

잠수함 구조의 기본 ❶

내각

잠수함의 선체가 일반적인 배의 선체와 다른 이유는 물속에서 움직이기 때문이다. 물속에서 움직인다는 말은 수압과 싸운다는 것을 뜻한다. 수압에 대항해 승조원과 장비 기기의 공간을 확보한 선체를 내압선각이라고 말한다.

내압선각의 성능은 잠수함이 얼마나 깊게 잠수할 수 있는지를 결정한다. 따라서 내압선각의 재료로 초고장력강을 사용하는 경우가 많다. 러시아의 알파급 원자력 잠수함처럼 티타늄 합금을 사용하는 잠수함도 있다. 다만 티타늄은 용접이 어렵다는 결점이 있는 데다가 상당히 고가이므로 잠수함의 선각 재료로 좀처럼 쓰지 않는 편이다.

내각 제작의 첫걸음은 초고장력 강판을 구부리는 것에서 시작한다. 천천히 시간을 들여 굽히는 작업을 한다. 시간을 들여서 굽히는 이유는 부재에 응력이 남는 것을 막기 위해서다. 외부에서 물체에 힘을 줄 때, 그 내부에는 원래 형태나 상태를 유지하려는 저항력이 작용한다. 이를 응력이라고 부르는데, 힘을 주는 방식에 따라서는 힘을 제거한 뒤에도 물체 안에 저항력이 남는 경우가 있다. 이렇게 되면 물체가 쉽게 부서질 수 있다. 내각에 응력이 남으면 수압에 대항하는 힘이 약해진다. 그래서 응력이 남지 않도록 신중하게 구부리는 작업을 하는 것이다.

구부리는 작업이 끝나면 끝을 용접해 잇는데, 이때 하는 용접에도 특별한 기술이 필요하다. 용접부는 보통 급속도로 열이 오르다가 단시간에 상온으로 돌아온다. 가열과 냉각이 반복되는 중에 물질은 팽창과 수축을 반복한다. 그러나 용접부 주변의 재료에 따라서 자유로운 팽창과 수축이 일어나지 않을 수도 있다. 이때 용접부 주변에는 응력이 발생하며, 이것이 그대로 남는다. 내각에 응력이 남으면 안 되기 때문에 아주 엄격한 관리 아래에서 특별한 용접 작업을 진행한다. 어려운 작업이기 때문에 잠수함의 내압선각을 용접할 수 있는 직공은 조선소에서 특별하다. 또한 내압선각을 내각이라고 부르는 이유는 이후에 설명할 잠수함의 선각 구조가 복각식이나 사이드식일 경우에 내압선각이 내부에 있기 때문이다.

외각

외각은 '내압선각의 외부에 달린 선각'이라는 뜻이다. 이 외각과 내각 사이에 만들어진 공간을 메인 밸러스트 탱크(이하 MBT)라고 한다. MBT는 잠수함이 잠항하거나 부상할 때 중요한 역할을 수행한다. (잠항 및 부상과 관련한 내용은 이후에 자세히 설명하겠다.)

외각의 꼭대기에는 각 MBT에 대응하는 벤트 밸브, 공기를 빼는 밸브가 달렸다. 외각의 선저 부근에는 구멍이 뚫린 플랫 포트가 있다. 따라서 잠수함은 '부상하는 상태가 불안정하다고' 이해할 수 있다.

외각의 또 다른 중요한 역할 중 하나는 선체를 매끄럽게 하고 저항을 줄여서 수중 운동 능력을 줄이고, 동시에 잡음 발생을 억제하는 것이다. 선체 저항은 밀도가 높은 물에서 잠수함이 운동하면 발생할 수밖에 없다.

선체 저항은 점성마찰저항, 점성압력저항, 조파저항과 쇄파저항이 합성된 것으로 보고 있다. 물속에서 원통을 움직이면 원통의 뒤에 소용돌이가 발생하며, 그 부분의 압력이 낮아진다.

이 압력이 낮아진 부분은 원래대로 되돌아가려고 하면서 힘이 작용하는데, 이를 점성압력저항이라고 한다. 원통을 유선형으로 만들면 점성압력저항을 낮출 수 있다.

이후 잠수함이나 U보트와는 달리 대부분 시간을 물속에서 움직이는 현대 잠수함은 수상 속력과 운동 성능을 희생하더라도 수중 속력과 운동 성능을 중시해 점성압력저항을 낮추는 것을 우선한다. 그 결과 채용된 것이 눈물방울형 선형, 티어드롭 헐, 알바코어 헐이라고 불리는 선형이다. 모두 같은 뜻이며 점성압력저항을 줄이는 것을 중시한 결과로 등장했다. 잠망경이나 레이더 마스트 등을 세일이라고 불리는 유선형 구조물로 덮는 이유도 잡음 발생을 억지하고, 동시에 점성압력저항을 줄이기 위해서다.

내각과 외각의 관계

잠수함은 내각과 외각의 구조 관계에 따라 몇 가지 유형으로 분류할 수 있다.

단각식

외각이 없고 내각 안에 MBT가 설치돼 있다. 이런 형식의 잠수함은 거의 없다고 생각한다.

반복각식(새들형)

내각 일부분에 외각이 달린 것이다. 전함 '야마토'의 벌지(개장으로 인해 배의 중량이 증가한 경우에 복원 성능을 유지하려고 뱃전에 부착한 강판. 어뢰 또는 물속으로 들어오는 포탄의 피해를 제한하기 위한 목적도 있음)를 생

■ **단각식, 반복각식, 복각식의 이미지**

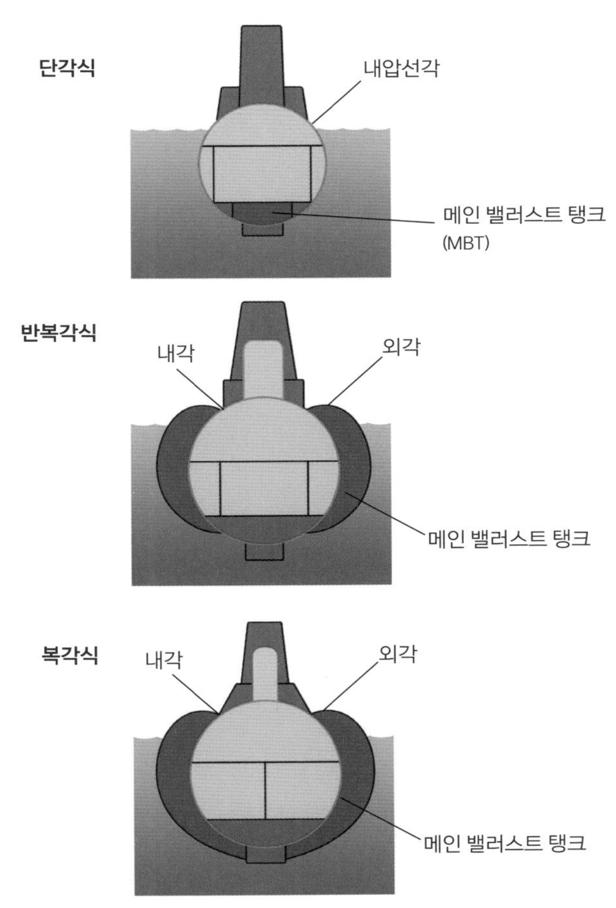

(참고 : 《잠항》, 야마우치 도시히데 지음, 가야쇼보, 2000년, 40쪽)

각하면 떠올리기 쉬울지도 모른다. 이호 잠수함이나 U보트 등 제2차 세계대전 당시의 잠수함 대부분은 이 방식이다.

복각식

외각이 내각 전면 대부분을 덮는다. 더 큰 예비 부력을 확보하거나 구소련 및 러시아의 잠수함처럼 미사일 발사통을 설치할 공간을 얻기에 유리하다. 현재 존재하는 재래식 잠수함은 대부분 이 형식이다. 복각식의 변형으로 일부복각식이 있으며 '오야시오급' 잠수함, '소류급' 잠수함이 이에 해당한다. 탐지 능력을 향상하려고 선측배열소나(Flank Array Sonar)를 선체 측면에 설치했기 때문에 일부복각식이라고 부른다.

이론 설명을 한 김에 여기서 여러분에게 퀴즈를 하나 내겠다. 잠수함의 닻은 어디에 있을까? 이호 잠수함이나 U보트는 수상함과 동일하게 함수 뱃전에 보통 산(山) 모양이라고 불리는 닻이 달려 있다. 그러나 현대 잠수함에서 이러한 닻은 저항과 잡음 발생의 원인이 되므로 설치하지 않는다. 정답은 선저다. 이 닻은 머시룸 앵커라고 불리는데, 말 그대로 버섯 모양의 닻이 달린다. 잠수함에 탑승하더라도 독(dock)에 들어가지 않는 한 직접 볼 수 없다.

상부 구조물

상부 구조물이란 이름 그대로 내각 또는 외각의 상부에 설치된 구조물을 뜻하며 세일, 상갑판 등이 포함된다.

세일은 앞서 말했듯이 잠망경이 물속에서 움직일 때 발생하는 잡음을 억제하고, 물속 저항을 줄이는 것이 목적이다. 그 안에는 해수가 자유롭게 드나들 수 있는 공간이 있다.

▲ 일본 해군의 이호 제56잠수함. 함수 좌현에 닻이 보인다. (자료 : 일본 국립국회도서관)

▲ 일본 해상자위대 구레사료관에 전시된 '아키시오'의 머시룸 앵커
(촬영 협조 : 일본 해상자위대 구레지방총감부)

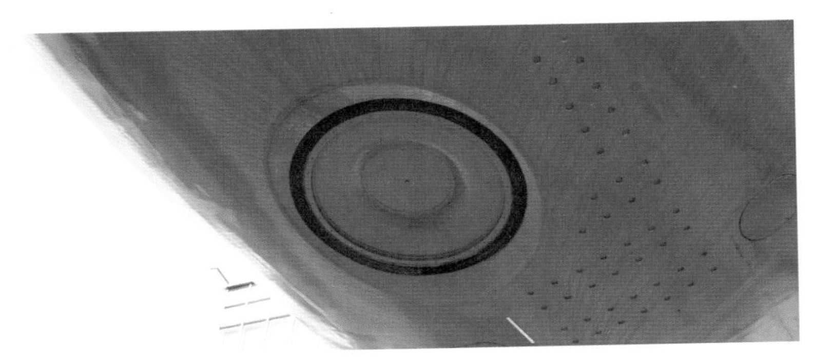

▲ 닻을 보관하는 앵커 베드. 안전을 위해 실제로 닻사슬이 나오는 구멍은 막혀 있다.
(촬영 협조 : 일본 해상자위대 구레지방총감부)

상갑판은 승조원이 이동할 장소를 제공하며 여기에는 잠수함이 계류하는 데 필요한 페어리드나 클리트 등이 갖춰져 있다. 일본 해상자위대의 잠수함에는 호저(hawser)라고 불리는 계류용 밧줄을 상갑판에 격납하는 공간이 있다.

페어리드(fairlead)나 클리트(cleat)는 입항할 때만 필요하다. 잠항 중에 외부로 튀어나와 있는 경우에는 잡음의 원인이 되므로 이때는 오히려 방해된다. 그래서 클리트는 회전식이며 출항할 때는 선체 표면이 매끄러워질 수 있게 회전하면서 격납된다. 호저의 격납고는 상갑판에 덮개가 달렸으며, 몇 군데에 있는 갈고리로 확실히 고정할 수 있다. 따라서 잠수함이 출항할 때는 먼저 페어리드와 클리트 같은 것들이 격납되며 이들이 제대로 잠겨 있는지, 덮개도 각 갈고리로 확실히 고정돼 있는지를 상갑판의 작업원이 점검한다. 확인이 끝나면 상갑판 작업의 지휘관인 수뢰장이 가장 앞에서 뒤까지 점검한다. 이를 상갑판 체크라고 부른다.

일본 해상자위대 잠수함의 경우에는 출항 전날에 상부 구조 체크라고 불리는 점검을 진행한다. 상부 구조물의 아래에는 좁긴 해도 어느 정도 공간이 확보돼 있으며, 그 안에 전선이나 파이프가 설치된다. 이 전선과 파이프가 느슨해져서 잡음의 원인이 되지 않는지 점검할 필요가 있다. 또한 MBT 꼭대기에 있는 벤트 밸브는 상부 구조물 안에서 볼 수 있는 것도 있다. 상부 구조물의 아래에 있는 녹이나 먼지가 벤트 밸브를 막으면 위험하므로 이를 미리 제거해야 한다.

▲ 계류 작업을 진행하는 미국 해군의 원자력 잠수함 '투손'. 상갑판에서 승조원이 호저를 클리트에 고정하고 있다. (자료 : 미국 해군)

▲ 미국 해군의 원자력 잠수함 '키 웨스트'에서 계류 장비를 격납 중인 승조원. 이 작업은 출항 작업이 종료된 직후에 이뤄진다. (자료 : 미국 해군)

메인 밸러스트 탱크, 키

잠수함 구조의 기본 ❷

메인 밸러스트 탱크(MBT)

MBT는 내각과 외각으로 형성된 탱크를 뜻하며 부상 중에는 예비 부력을 제공해 잠수함의 부상 상태를 유지한다. 탱크 꼭대기에는 공기를 빼내는 벤트 밸브가 있으며, 탱크 하부에는 뒤에서 설명할 일부 탱크를 제외하고는 플랫 포트라고 불리는 구멍이 열린 채로 있다.

고압 공기의 기축기(氣蓄器)가 들어간 탱크를 제외하면 내부는 비어 있다. 미국이나 러시아의 잠수함에는 MBT에 순항 미사일 발사통이 설치돼 있기도 하다. 미국 원자력 잠수함은 전부(前部)의 MBT에 설치돼 있는 것으로 보인다. 러시아의 경우, 뱃전의 MBT에 설치한다고 한다.

잠수함이 수리 목적으로 선창에 들어오면 반드시 탱크 검사를 진행하는데, 이때 MBT 내부를 검사한다. 내부는 일부 MBT에 고압 기축기만 설치돼 있어서 공간이 꽤 넓다. MBT 내부, 거의 선체 중앙 근처에는 연료 탱크로도 사용할 수 있게 만든 밸러스트 탱크가 있는데, 이를 특별히 연료 밸러스트 탱크(이하 FBT)라고 부른다. FBT의 바닥에는 플랫 포트가 아닌 플랫 밸브가 있고, 연료 탱크로 사용할 때는 밸브를 닫은 채로 둔다.

MBT 이야기에서는 조금 벗어나겠지만 여러분에게 질문을 하나 하겠다. 잠수함에 연료를 탑재하면 잠수함 전체의 중량은 어떻게 될까? 수상 함선은 선체 안에 연료 탱크가 있어서 연료를 탑재하면 배의 중량이 무거워진다. 그러나 잠수함은 항상 수압을 고려해야 하므로 내각 처리가 필요한 부분에는 내압 구조가 설치돼 있다. 다만 이곳저곳에 내압 구조를 설치하면 선체가 무거워지는 데다가 잠수함 가격도 비싸진다.

따라서 잠수함의 연료 탱크는 비내압 탱크이며 외부와 연결돼 있다. 탱크 내부는 외부 수압과 같은 압력으로 돼 있다. 이러한 이유로 탱크 내부는 해수와 연료가 '동거'하는 형태이며, 연료를 소비하면 그만큼 해수가 대신 들어오는 구조다.

연료를 넣으면 연료가 해수를 밀어내고, 비중이 해수보다 낮은 연료가 많아지면 그만큼 잠수함 중량은 가벼워진다. 그래서 정답은 바로 '가벼워진다'이다. 잠수함이 물속에서 안정적으로 잠항을 유지하는 데 필요한 요소 중 하나라고 할 수 있다.

▲ 잠수함 '아키시오'의 플랫 포트. 원래는 구멍이 열린 상태를 유지하지만, 안전을 위해 그레이팅(구리나 알루미늄을 격자 모양으로 만든 것. 하수구 뚜껑에 주로 사용함)이 용접돼 있다. (촬영 협조 : 일본 해상자위대 구레지방총감부)

잠수함의 키

배를 움직이기 위해 물속 함미 부근에 키가 달려 있다는 사실은 알고 있을 것이다. 오른쪽으로 가려면 함교 또는 함교에 있는 타륜을 오른쪽으로 꺾는다. 이때 키가 오른쪽으로 움직이고 배도 오른쪽으로 향한다. 이를 '오른쪽으로 회두한다.'라고 부르며, 오른쪽으로 꺾기 위해서 키를 오른쪽으로 돌리는 것을 일본에서는 전통적으로 오모카지(面舵)라고 부른다. 반대로 왼쪽으로 꺾을 때는 도리카지(取り舵)라고 한다.

이후에 나올 내용과도 관계가 있으므로 살짝 다른 이야기를 해보겠다. 물 위에 있는 배가 회두할 때, 방향을 꺾는 단계에서 선체는 안쪽으로 기울다가 이어서 바깥쪽으로 기운다. 회두 중인 배의 사진을 보면 대부분 배가 바깥쪽으로 기울어져 있다는 사실을 알 수 있다. 이는 수상 항주를 하는 잠수함도 마찬가지다.

그러나 물속에서 잠수함은 다른 움직임을 보인다. 물속에서 회두하면 잠수함은 비행기가 회두할 때와 똑같은 방향으로 기울어진다. 이와 관련된 내용은 차후에 알아보도록 한다.

키 이야기로 돌아가자. 수상 함선의 키는 1개밖에 없지만(키의 효과를 높이기 위해 키를 2개 설치하는 경우도 있음) 잠수함은 키가 3개 있다. 다만 영어로 옮겼을 때 rudder에 해당하는 것은 1개뿐이며 남은 2개는 영어로 plane, 다시 말하면 날개로 분류한다. 일본에서는 셋 다 타(舵)라는 단어를 붙여서 종타, 잠항타, 횡타로 부른다.

여기서 잠시 다른 이야기로 넘어가겠다. 본문에 있는 일본 잠수함에 관한 설명을 읽어도 그 발전 과정이 머릿속에 잘 들어오지 않을 수 있다. 그럴 때는 오른쪽 페이지 위에 있는 변천 과정을 확인한다.

종타

이름 그대로 잠수함의 수직 방향에 달렸다. 수상 함선의 키에 해당하고

■ **일본 대잠수함의 변천**

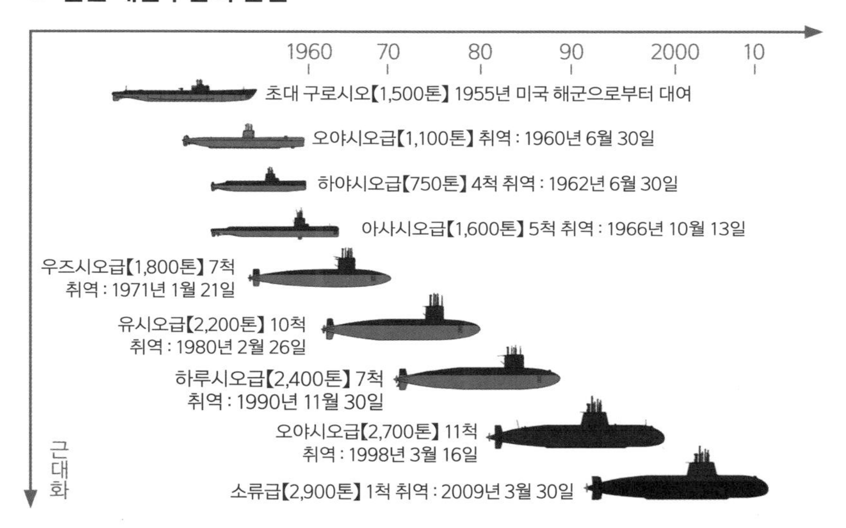

▲ 이 변천도는 '소류'가 취역한 2009년에 작성한 것이다. (참고 : 일본 해상자위대 자료)

▲ 잠수함 '아키시오'의 우측 잠항타. 잠항타의 선단에는 항해등 중 하나인 우현등(녹색 등불)이 있다. 또한 세일에서 튀어나온 부분은 사진 속 오른쪽이 잠망경, 왼쪽은 4m 정류 안테나라고 불리는 통신 안테나다. 안테나는 공기압으로 세우거나 눕힌다. (촬영 협조 : 일본 해상자위대 구레지방총감부)

rudder라고 부른다. 수상 함선에서는 구조상 키를 수면 아래에만 설치할 수 있지만, 잠수함에서는 위아래에 모두 설치할 수 있다. 일본의 경우 '우즈시오급' 잠수함에서 '오야시오급' 잠수함까지, 종타는 타판 2개를 채용한다. 구소련이 개발했으며 중국에서 도입한 킬로급 잠수함에는 타판을 위에 설치했지만, 후계함에 해당하는 라다급 잠수함에는 위아래에 한 쌍으로 된 종타를 설치했다고 한다.

잠항타

잠항타(潛航舵)는 설치되는 위치에 따라 영어로는 bow plane 또는 sail plane이라고 부른다. 잠항타는 '잠'(潛)이라는 글자가 나타내듯이 잠수함의 심도를 관리하고 통제하는 키다. 잠항타를 위로 잡으면 잠수함은 상승하며 아래로 잡으면 하강한다.

횡타

횡타(橫舵)는 종타와 딱 직각이 되는 형태로 설치돼 있으며 잠수함의 자세각을 제어한다. 자세각이란 선체가 위로 향하는지 아래로 향하는지를 나타내는 단어로 물속에서 선체는 수평을 유지하는 것이 원칙이다. 이를 일본에서는 '전후수평'이라고 한다. 영어로는 zero bubble이라고 말한다. 원형 수평계에서 수평일 때 물방울이 0을 가리키는 것에서 유래한 용어다.

앞서 잠수함이 물속에서 회두하면 선체는 회두하는 쪽으로 기운다고 설명했다. 물속에서 고속으로 항행 중이라고 할 때, 오른쪽 또는 왼쪽으로 최대한 방향을 꺾으면 선체는 여러분이 상상하는 것 이상으로 크게 오른쪽이나 왼쪽으로 기운다. 이때 종타도 같은 각도로 기울어지

▲ 종타와 횡타. 종타의 위아래 타판과 횡타의 우타가 보인다. 우측 타판은 아주 살짝 보인다. 아래에 있는 종타 타판의 오른쪽에 보이는 것은 잠수함용 예인선배열소나의 송출구. 스크루는 안전상의 이유로 더미가 부착돼 있다. (촬영 협조 : 일본 해상자위대 구레지방총감부)

는데, 이때 회두 효과와는 별개로 선체가 아래로 향하는 효과가 발생한다. 이는 잠수함을 큰 위험과 맞닥뜨리게 하는 상황이 일어날 수 있다는 뜻이다.

이 위험을 회피하려고 종타와 횡타를 십자가 모양으로 배치하는 것이 아니라 X자 모양으로 배치하는 방법을 고안했다. 이를 X형 방향타라고 부르며 일본은 '소류급'에 이를 채용했다. '소류급'에서는 종타와 횡타를 구별할 필요가 없어졌기 때문에 뒤에 있는 키라는 뜻에서 후타라고 부른다.

조절 탱크

잠수함이 물속에서 움직이는 기본 원리는 '아르키메데스의 원리'를 따른다. 그러므로 잠항 중인 잠수함은 잠수함이 받는 부력과 중량이 균형을 이루지 않으면 물속에서 안정적으로 움직일 수 없다.

잠수함에서는 매일 연료와 식량을 소비한다. 경우에 따라서는 어뢰를 발사할 수도 있다. 그래서 잠수함의 중량은 시시각각 변한다. 게다가 용무가 생긴 승조원이 모여서 함내를 이동하면 전체 중량의 변화는 없지만, 앞뒤 균형이 무너질 수도 있다.

한편으로는 해수 상태도 일정하지 않다. 뉴스에서도 종종 보도되는 냉수괴로 들어가거나 난류로 들어가서 해수 온도가 변하면, 해수 비중이 변하므로 부력이 영향을 받는다. 냉수괴는 해수 성질이 거의 같으면서도 수온이 주변보다 낮은 해수의 덩어리를 뜻한다. 크기가 큰 것은 반지름이 200km에 이른다. 또한 잠수함이 심도를 바꾸면 얕은 곳의 해수와 깊은 곳의 해수 상황이 달라지므로 마찬가지로 부력이 영향을 받는다.

▲ '소류급' 잠수함의 후타(X형 방향타) 1번. 사진에는 보이지 않지만 반대편에 2번이 있으며 물속에 3번, 4번이 있다.

이런 식으로 잠수함을 둘러싼 부력과 중량의 관계는 시시각각 변화하므로 조절하지 않으면 안정적으로 항해할 수 없다. 그래서 조절 탱크를 설치한다. 잠수함의 중량을 조절하는 탱크라는 뜻이다.

조절 탱크는 함수 부근과 함미 부근, 선체 중앙 부근의 좌우까지 합해서 총 4개가 있다. 잠수함의 전체 중량, 특히 앞뒤 균형을 조절하기 위해서 해수를 주수하거나 배수한다. 이 작업의 직접적인 책임자는 잠항 지휘관이라 불리는 선무사, 기관사 등의 젊은 잠수함 간부가 맡는다.

네거티브 탱크, 세이프티 탱크, 새니터리 탱크

이번에는 몇 가지 다른 탱크에 대해 알아보도록 하겠다. 첫 번째는 네거티브 탱크다. 선체 중앙보다 살짝 함수 쪽에 가까이 있으며 '네거티브'라는 단어가 나타내듯이 잠수함에 음성 부력을 부여하는 탱크다. 역할은 잠수함을 빠른 속도로 잠항시키는 것이다. 따라서 잠항 직전에는 네거티브 탱크를 만수로 만드는 작업이 진행된다. 이로 인해 잠수함은 더욱 빠르게 물속으로 잠수할 수 있다. 다만 잠수함이 물속으로 잠수하고 나면 네거티브 탱크는 역할을 다하므로 고압 공기로 그 안에 있는 해수를 배출한다.

두 번째는 세이프티 탱크다. 네거티브 탱크가 음성 부력을 부여하는 반면에 세이프티 탱크는 양성 부력을 부여한다. 잠항 전에 만수 상태로 만들어 잠항하다가 물속에서 잠수함에 긴급 사태가 발생하면 세이프티 탱크를 배수한다. 이러면 잠수함은 최소한으로 필요한 부력을 얻어 부상한다.

이때 세이프티 탱크의 배수 과정에서 잠수함이 불안정한 상태에 빠지면 위험하므로 대부분 선체의 중앙 부근에 탱크를 설치한다. 다만 일본의 경우에는 어느 순간부터 세이프티 탱크를 제거하고, 긴급 상황에는 기축기에서 고압 공기를 직접 MBT에 공급해 해수를 배출해서 부상하는 방식을 채택하고 있다.

세 번째는 새니터리 탱크다. 이는 잠수함의 움직임보다는 승조원의 생활과 관계된 탱크다. 승조원은 잠수함의 함내에서 매일 생활하고 있다. 얼굴을 씻고, 식사를 만들고, 식기를 씻고, 화장실을 사용한다. 가끔이기는 하지만 샤워도 한다. 참고로 잠수함에는 욕실이 없다. 이 과정에서 나온 오수를 그대로 바다에 흘려보낼 수는 없다.

잠항하는 잠수함에는 수압이 걸린다. 게다가 수압은 시시각각 변한다. 그래서 오수는 일단 탱크에 모아뒀다가 가득 차면 잠수함 바깥으로 배출한다. 이 탱크를 새니터리 탱크라고 부르며 화장실이나 샤워실, 조리실의 위치를 고려해 그 근처에 설치한다.

▲ 잠수함의 화장실. 용변을 보고 나면 우측에 있는 조작 레버를 움직여 플래퍼 밸브를 열고, 내용물을 새니터리 탱크에 떨어뜨린다. 이후에 플래퍼 밸브를 닫고 세정 해수 밸브를 열어서 해수를 변기 안에 모아둔다. (촬영 협조 : 일본 해상자위대 구레지방총감부)

배출에는 고압 공기를 사용하는 방법과 펌프를 사용하는 방법이 있다. 고압 공기를 사용하는 경우에는 어쩔 수 없이 잡음 문제가 따라오는 데다가, 배출한 뒤에는 새니터리 탱크 내부 압력을 함내 기압과 똑같이 유지해야 다음에도 사용할 수 있기 때문에 잠항 중에는 압력을 함내로 빼낸다. 이때 발생하는 냄새도 제거해야 하므로 고압 공기를 사용한 새니터리 탱크의 배출은 스노클 작업 중에 이뤄져야 한다.

새니터리 탱크의 송풍이 끝나면 탱크 내부의 압력을 함내로 빼고, 스노클 마스트에 있는 머리 부분의 밸브를 강제로 폐쇄한 뒤에 냄새가 모인 함내의 공기를 디젤 엔진에 흡수시킨다. 어느 정도 함내의 기압이 내려가면 머리 부분의 밸브를 열어서 바깥 공기를 안으로 들인다. 이를 여러 번 반복한 뒤에 코로 냄새를 맡아보고 사람들에게 "냄새나?"라고 물은 뒤 "괜찮다."라는 대답이 나오면 환기 작업을 종료한다.

다만 생각하지 못한 냄새도 남는다. 필자가 입항하고 난 후에 멋지게 꾸미고 기세 좋게 술자리에 참석했더니 가게 직원이 "손님, 혹시 어떤 일을 하세요?"라고 물었다. "어떤 일을 하는 것 같아요?"라고 되물었더니 "글쎄요? 뭔가 이상한 냄새가 나기는 하는데요."라는 대답을 들은 적이 있다. 이 말에 실망했지만, 잠수함에서 일하다 보면 이런 일이 생기기도 한다.

잠수함 안에서는 남자 약 70명이 모여 생활하므로 그 냄새도 함내에 남는다. 디젤 엔진을 운전하는 데 사용하는 기름 냄새도 난다. 요리 과정에서 나오는 냄새도 있다. 이 모든 것이 섞인 냄새가 잠수함 안에 있는데, 재래식 잠수함의 승조원들은 이를 디젤 스멜이라 부르며 명예로 삼는다.

구획

일본 해상자위대의 '소류급' 잠수함은 전장이 84m다. 미국의 '버지니아급' 원자력 잠수함은 전장이 약 115m다. 당연히 함내 공간이 더 작은 셈인데, 함내를 큰 방으로 가정했을 때 침수나 화재가 발생하거나 전투 피해를 입으면 그 영향은 순식간에 모든 함내로 퍼진다.

이때 침수나 화재 또는 전투 피해를 최소한으로 억제하려고 함내를 내압 격벽이라 부르는 벽을 이용해 여러 개로 나눈다. 이 방을 구획이라고 부른다.

각 구획은 방수문이나 격벽 밸브를 이용해 필요할 때마다 수밀과 기밀이 보전된 독립 구획으로 만들 수 있다. 만약에 어떤 구획에 침수가 발생하더라도 방수문과 격벽 밸브로 차단하기만 하면 침수 피해를 그

▲ '유시오급' 잠수함의 조리실에서 튀김을 만들고 있는 승조원 (자료 협조 : 일본 해상자위대)

'오야시오급' 잠수함의 구획 배치도

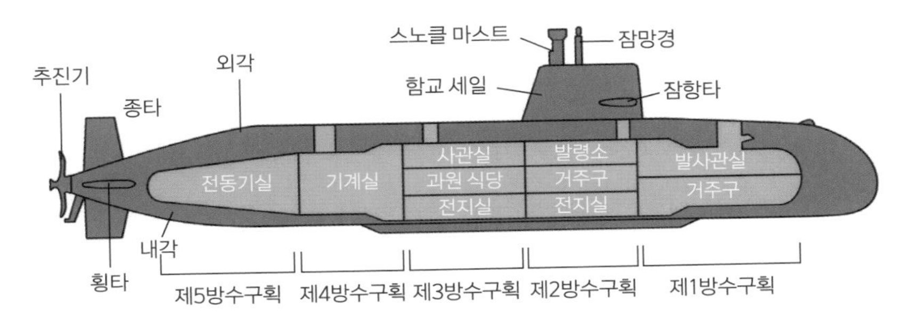

(자료 : 일본 해상자위대)

구획 안으로만 한정할 수 있다.

따라서 잠수함 승조원은 긴급 시에 어둠 속에서도 재빠르게 피해 구역의 방수문과 격벽 밸브를 폐쇄할 수 있어야 한다.

일본 해상자위대의 잠수함은 5개 구획으로 나뉘어 있다. 5개 구획은 함수 쪽부터 제1방수구획, 제2방수구획이라고 부르며 가장 뒤에 있는 것이 제5방수구획이다. 각 방수 구획을 어떻게 사용했는지는 관련 역사가 있다. '오야시오급' 잠수함을 예시로 살펴보겠다.

제1방수구획

가장 앞에는 제1방수구획이라고 불리는 발사관실이 있다. 단어 그대로 발사관과 어뢰를 격납하는 가대가 있다. 눈물방울형 선형을 최초로 채용한 '우즈시오급' 잠수함부터 '하루시오급'까지는 이 구획에 소나실과 승조원의 거주구가 있었다. 이는 선체의 가장 앞에 설치한 소나를 방해하지 않으려고 발사관을 선체 중앙부에 뒀기 때문이다.

기술이 진보하면서 발사관을 함수에 둬도 소나를 방해하지 않게 됐고, '오야시오급' 잠수함부터는 제1방수구획이 발사관실이 됐다. 되돌아갔다는 표현이 정확할지도 모르겠다. '우즈시오급' 잠수함 이전의 잠수함에서는 제1방수구획이 발사관실이었기 때문이다. 이 구획은 전방부의 탈출 구획이기도 하다. 탈출과 관련한 내용은 이후에 살펴보도록 한다.

또한 발사관실의 하부에는 승조원의 거주구가 있다. 승조원 개인이 점유할 수 있는 공간은 여기에 있는 침대 하나뿐이다. 개인 물건을 넣을 수 있는 곳은 침대 아래에 있는 공간뿐이므로 함내에는 매우 한정적인 물량만 가지고 올 수 있다.

제2방수구획

제2방수구획에는 발령소와 전지실, 거주구가 있다. 발령소는 잠수함의

▲ '소류급' 잠수함의 발사관. 오른쪽 발사관에는 붉은 글씨로 '장전'이라고 적힌 팻말이 있으며 실제로 어뢰가 장전돼 있는지를 나타낸다. 장전되지 않은 경우에는 왼쪽 발사관처럼 검은 글씨로 '공'이라고 적힌 팻말을 건다. (자료 협조 : 일본 해상자위대)

▲ '소류급' 잠수함의 승조원 거주구. 침대에서 벌떡 일어나기는 불가능하다. '굴러서 빠져나온다'가 맞는 말처럼 보인다. (자료 협조 : 일본 해상자위대)

두뇌라고 불리는 장소다. 모든 정보는 발령소로 모이며, 발령소에서 명령이 내려온다. '우즈시오급' 잠수함 이후로는 함장실만 제2방수구획에 있다. 그 이유는 앞서 말했듯이 긴급 사태가 발생해 방수문이 닫혔을 때 함장이 발령소에 없는 사태를 피하기 위해서다.

발령소의 우현 쪽은 오퍼레이션 섹션이라고 부르기도 하며 작전 실행에 필요한 기기가 탑재돼 있다. 그 중심에 있는 것이 바로 전투 지휘 시스템이다. 호칭은 다양하지만 이 책에서는 잠수함이 전투를 실행하기 위해서 정보를 해석하고, 어뢰 및 미사일의 발사를 관리하고 통제하는 장치를 전투 지휘 시스템이라고 부르겠다. 과학 기술, 특히 컴퓨터 기술의 발전은 전투 지휘 시스템을 수 세대에 걸쳐 발전시켰다. 잠수함 전투의 기본은 이후에 살펴보도록 하겠다.

선체의 중심선 위에는 앞뒤로 잠망경이 탑재돼 있다. 미국의 원자력 잠수함에는 좌우로 나란히 탑재돼 있다고 한다. 잠망경은 기본적으로 광학 기기다. 일본 잠수함은 세계 최고 수준의 광학 기술 덕분에 제일 가는 잠망경을 탑재하고 있다.

여기서 그치지 않고 잠망경도 발전을 거듭하고 있다. 광학에만 의존하던 잠망경에 레이더를 달아서 적의 레이더파(특히 항공기의 레이더파)를 탐지해 경보를 울리는 조기 경계용 ESM(Electronic Support Measures. 적의 레이더파를 탐지하는 장치로 흔히 말하는 역탐), 캄캄한 어둠 속에서도 목표를 시인할 수 있는 암시 장치 등이 탑재되고 있다. 잠망경으로 목표를 볼 수 있는 사람은 1명뿐이지만 그 정보를 다른 사람들과 공유할 수 있도록 비디오 장치도 조합해서 활용한다.

더 나아가 '소류급' 잠수함에 있던 잠망경 1대는 비관통형 잠망경으로 교체됐다. 비관통형은 잠망경이 내각을 관통하지 않는다는 뜻이다.

▲ '오야시오급' 잠수함의 함장실. 함내에서 단 하나뿐인 개인실이며 침대에 누울 수 있다. (사진에서는 침대를 정리해 소파로 썼음) 침대 옆에는 통신계, 함장이 정보를 곧바로 확인할 수 있는 디스플레이가 있다. (자료 협조 : 일본 해상자위대)

▲ 해도가 있는 곳에서 본 '유시오급' 잠수함의 발령소 좌현 쪽 모습. 중앙에서 살짝 우측에 있는 것이 제1잠망경이다. 제2잠망경이 어렴풋이 보인다. 왼쪽 깊은 곳에 보이는 것이 조타석과 조이스틱 패널이다. 왼쪽에는 밸러스트 컨트롤 패널이 있다. (촬영 협조 : 일본 해상자위대 구레지방총감부)

기존 잠망경은 수면에 나와 있는 대물렌즈로 받아들인 빛을 함내에 있는 대안렌즈로 보내는 것이 기본 구조다. 따라서 잠망경은 광학 기술이 집약된 긴 통이 내각을 관통해 탑재된 형태였다.

이에 비해 비관통형 잠망경은 오늘날의 디지털 기술을 등에 업고, 대물렌즈가 포착한 영상을 디지털 신호로 바꿔 함내의 전투 지휘 시스템에 보낸다. 그러므로 잠망경 자체는 내각을 관통하지 않으며 디지털 신호를 보내는 전선만 있다. 신호를 받은 전투 지휘 시스템은 이를 영상으로 재생할 수 있으며 화면으로 볼 수도 있다. 말하자면 스마트폰이 크기가 커진 것이라고 상상하면 이해하기 쉬울 것 같다. 잠망경의 조작도 전투 지휘 시스템을 통해 이뤄진다.

비관통형 잠망경의 가장 큰 이점은 잠망경을 통해 얻은 정보를 공격과 관련된 팀 전체와 공유할 수 있다는 것이다. 또한 잠망경이 내각을 관통하지 않으므로 내각 강도에 영향을 주지 않는다. 수압에 대항하는 내각에 구멍을 내면 그만큼 내각이 약해진다. 조작하는 입장에서도 관통형 잠망경을 조작할 때는 신경을 써야 하며, 관통하는 부분의 누수도 고려해야 한다. 잠망경을 가볍게 움직이려고 하면 누수가 많아지고, 누수를 억제하려면 잠망경을 신중하게 움직여야 하므로 힘이 든다.

다만 '소류급' 잠수함에 있는 잠망경 2대가 모두 비관통형이 아닌 것은 무슨 일이 생겼을 때 이를 대비하기 위한 광학 잠망경이 필요하다고 판단했기 때문이다.

발령소의 좌현 쪽은 다이빙 섹션이라고 부르며 잠수함의 운항과 잠항을 관장하는 기기가 있다. '하루시오급' 잠수함 이전의 잠수함에는 좌현의 가장 앞에 조이스틱 패널이라 불리는 조타석이 있다. 잠수함에는 3가지 키가 있다고 설명했다. 잠항 중에 키 3개를 1명이 조타하는

▲ 1번 잠망경과 2번 잠망경. 앞에 있는 것이 1번 잠망경이며 뒤에 있는 것이 2번 잠망경이다. 2번 잠망경에는 레이더가 탑재돼서 수면에 나오는 부분이 두껍고, 함내에 있는 부분도 크다.
(촬영 협조 : 일본 해상자위대 구레지방총감부)

방법을 원맨 컨트롤이라고 하며, 2명이 조타하면 투맨 컨트롤이라고 호칭한다.

투맨 컨트롤은 함수를 보는 방향으로 오른쪽 좌석에 앉는 조타원이 종타와 잠항타를 담당하고, 왼쪽 좌석에 앉는 조타원이 횡타를 담당한다. 조이스틱 패널에는 자이로 리피터, 심도계, 타각 지시기 등 조타에 필요한 계기가 나란히 있다. 조타 장치의 핸들 정중앙에는 수상 항주를 할 때 함교의 초계장과 교신하는 데 필요한 마이크 겸 스피커가 달렸다.

밸러스트 컨트롤 패널은 잠항과 스노클을 통제하고 관리하는 패널이다. 잠수함의 선체 중에서 외부로 구멍이 열려 있는 곳(예를 들면 함교 해치, 전방·중앙·후방 해치 등)의 폐쇄 상황을 나타내는 표시등, 각 벤트의 밸브를 개폐하는 스위치, MBT를 송풍하기 위한 고압 공기의 스위치, 스노클을 제어하는 장치, 조절 탱크의 주수 및 배수 스위치 등이 달렸다. 밸러스트 컨트롤 패널의 앞에는 경험이 풍부한 유압수와 그를 보좌하는 트림수, 함내 통신을 담당하는 사람(IC원)이 자리를 잡는다.

'오야시오급' 잠수함 정도가 되면 조이스틱 패널과 밸러스트 컨트롤 패널이 통합된다. 자동 스노클 장치, 주기(主機) 및 전동기의 원격 조작판이 더해진 십 컨디션 컨트롤 시스템으로 바뀐다.

이에 따라 배치되는 인원도 달라진다. 기존 조타석은 메뉴 바 컨트롤이라 부르며, 조타원 1명이 배치된다. 조타 장치도 비행기의 조종간 같은 조타 장치는 사라지며, 게임기 조이스틱처럼 생긴 조타용 스틱이 메뉴 바 컨트롤에 장착된다. 유압수는 잠항 관제원으로 부르며 트림수와 IC원이 없고, 주기와 주 전동기의 원격 조작원이 배치된다.

제3방수구획, 제4방수구획, 제5방수구획

제3방수구획에는 사관실과 승원의 과원식당 및 조리실, 전지실 등이 있다. 사관실은 함장 이하, 승조원 간부가 식사하거나 회의하는 장소이며 전투 시에는 치료소로 사용한다. 사관실의 카펫이 붉은 이유는 치료 중에 나온 피가 눈에 띄지 않게 하기 위해서라는 설도 있다.

▲ '소류급' 잠수함의 전투 지휘 시스템. 전투 지휘 시스템과 소나 시스템 콘솔이 나란히 배치돼 있다. (자료 협조 : 일본 해상자위대)

▲ '유시오급' 잠수함의 조타 장치. 비행기 조종간처럼 보이는 것이 조타 장치다.

사관실의 좌현 쪽에는 제1~4사관사실이라 불리는 침실이 있다.(함장을 제외한 승조원 간부가 사용한다.) 사관실은 보통 3명이 방 하나를 사용하며, 침대 크기는 승조원의 것과 크게 다르지 않다. 편성으로는 함대사령관이 함장의 상사이지만, 승선하더라도 부장과 같은 방을 사용해야 하며 3단 침대 중 하나를 배정받는다.

'소류급' 잠수함은 제1사관실과 제2사관실뿐이며, 제1사관실은 3인실이지만 제2사관실은 9인실이다. 그 뒤에는 선임 해조(海曹)실이다.

맞은편에는 인버터가 설치돼 있다. 인버터는 직류를 교류로 변환하는 장치다. '소류급' 잠수함의 특징 중 하나는 주 전동기에 교류 전동기를 쓴다는 점이다. 이로 인해 더욱더 부드러운 속력 전환을 할 수 있다는 이점이 있는데, 물속에서 움직일 때는 전지에서 직류 전력을 공급하기 때문에 반드시 교류로 변환해야 한다. 인버터는 이때 필요하다.

사관실이 있는 층에서 대각선으로 계단을 내려가면 승조원 식당이 있다. 승조원은 이곳에서 식사하며 오락을 즐기기도 한다. 승조원 식당의 함미 쪽에는 AIP 기관이 있다. AIP 기관은 나중에 자세히 설명하겠다. Air Independent Propulsion System의 줄임말이며 공기불요추진체계라고 부르기도 한다.

제4방수구획은 기계실이다. 주 기기인 디젤 엔진과 여기에 직결된 주 발전기가 있다. 제4방수구획은 후방부의 탈출 구획에 해당한다.

제5방수구획은 전동기실이라고 부르기도 한다. 잠수함의 추진을 담당하는 전동기가 설치돼 있다. 전동기에서 스러스트 베어링을 통해 추진축으로 이어지며 인플레이터블 튜브(inflatable tubes), 베어링을 거쳐 배 바깥의 스크루로 이어진다. 인플레이터블 튜브라는 말이 낯설게 들릴 수 있다. 앞서 말했듯이 추진축은 내각을 관통해 바다로 이어진다.

▲ '유시오급' 잠수함의 밸러스트 컨트롤 패널 (촬영 협조 : 일본 해상자위대 구레지방총감부)

▲ '소류급' 잠수함의 십 컨디션 컨트롤 시스템. 오른쪽 가장자리에 살짝 보이는 것이 메뉴 바 컨트롤 부분이며 조타석에 있다. 그 옆에 있는 것이 밸러스트 컨트롤 부분이며 기존 밸러스트 컨트롤 패널과 역할이 같다. 왼쪽에는 원격 조작판이 있으며, 초록색 판의 탁자 오른쪽이 주 기기의 원격 조작판, 왼쪽이 주 전동기의 원격 조작판이다. (자료 협조 : 일본 해상자위대)

따라서 정박 중에 추진축의 관통부에서 해수가 새어 들어오면 위험하므로 인플레이터블 튜브에 공기를 넣고 부풀려서 해수의 침입을 확실하게 막는다. 물론 추진축을 움직일 때는 반드시 인플레이터블 튜브의 공기를 빼야 한다.

또한 '오야시오급' 잠수함까지는 전동기의 뒤에 종타와 횡타의 타축을 움직이는 유압 실린더가 있으며, '소류급' 잠수함까지는 후타의 각 타판을 움직이는 유압 실린더가 4개 있다.

▲ '소류급' 잠수함의 사관실에서 회의를 진행하는 함장 이하의 간부 승무원. 사용하는 탁자는 긴급 상황에 수술대로 사용한다. (사진 협조 : 일본 해상자위대)

▲ '소류급' 잠수함의 기계실. '하루시오급' 잠수함부터 쓰인 12기압의 V형 디젤 엔진이다. 이 엔진의 뒤편, 사진 속 안쪽에는 직결형 발전기가 설치됐다. 또한 이 구획은 후방부의 탈출 구획이다.
(자료 협조 : 일본 해상자위대)

▲ '소류급' 잠수함의 전동기실에서 표시판의 상황을 확인하는 승조원 (자료 협조 : 일본 해상자위대)

3장

잠수함의 잠항과 부상

어떻게 잠수함은 자유자재로 잠항과 부상을 할 수 있을까? 이번 장에서는 잠항, 부상의 메커니즘을 알아본다. 잠항한 채로 디젤 엔진을 운전하기 위한 스노클이 어떤 구조인지도 알아본다.

합전 준비

잠수함의 잠항은 곧 전투 준비

일본 해상자위대의 함정에는 부서가 정해져 있다. 부서는 전투나 화재, 침수 등의 긴급 사태 또는 배에서 실시되는 다른 통상 업무(출항과 입항, 좁은 물길의 통행, 시야를 방해하는 안개 속에서의 항행)와 관련해서 어떤 편성과 지시로 승조원을 배치하고, 어떤 순서로 실행할지를 정한 것이다.

일본에는 '합전준비부서'라는 부서가 있다. 말 그대로 배가 전투 준비를 하는 곳이다. 모든 무기와 센서를 기동해 언제든지 사태에 대응할 수 있게 준비하고, 피해가 발생했을 때 이를 억제하기 위해 방수문을 폐쇄하며, 방수용 호스를 꺼내 물을 준비한다. 승조원도 함장 이하는 헬멧을 쓰고 구명조끼를 착용한다. 그래서 실제 사격이나 어뢰 발사 훈련을 제외한 훈련에서는 전투를 준비한다는 지시가 내려오면 '훈련'이라는 점을 나타내기 위해서 머리에 일본어로 교련(教練)이라고 적힌 머리띠를 착용한다.

그러나 일본 잠수함에는 '교련 합전 준비'라는 말이 존재하지 않는다. 잠수함의 합전 준비는 잠항 준비를 뜻하며, 잠수함의 잠항은 전투를 준비한다는 말과 동일하다.

합전 준비 명령이 내려오면 어떻게 될까?

출항한 잠수함에는 적절한 시기에 합전 준비 명령이 내려온다. 이때 각 구획의 승조원은 빌이라고 부르는 체크리스트를 바탕으로 '이 밸브는 모두 개방한다.', '이 밸브는 폐쇄한다.', '이 스위치는 켠다.' 등의 작업을 진행한다. 모든 작업이 종료되면 발령소에서 합전 준비 상황을 나타내는 보드의 담당 구획에 있는 슬라이드를 정중앙으로 옮긴다.

이어서 당직이 아닌 간부가 보드를 확인하고, 자신이 담당하는 구획의 합전 준비를 승조원이 마쳤는지 확인한다. 확인이 끝나면 똑같은 빌을 들고 구획 안을 돌며 모든 밸브와 스위치가 올바르게 작동하는지 확인한다. 모든 부위의 점검이 끝나면 앞서 말한 보드의 슬라이드를 오른쪽으로 이동시켜서 해당 구역의 합전 준비가 완료됐다는 것을 알린다. 만약에 합전 준비에 부족한 부분, 가령 잠항할 때 열려 있어야 하는 밸브가 닫혀 있으면 사고로 이어지는 문제가 발생한다.

따라서 잠수함의 승조원이 되기 위한 자격 심사(한국에서는 잠수함 승조원 자격 부여 제도)에서 가장 중요한 항목 중 하나가 합전 준비다. 간부의 경우에는 먼저 기관장이 모든 구획을 심사한다. 기관장은 빌을 참고하면서 모든 구획을 돌아보고 "○○ 밸브는?", "△△ 스위치는?"이라는 질문을 한다. 밸브 또는 스위치가 어디에 있고, 합전 준비를 할 때는 모두 개방하는지, 아니면 폐쇄하는지를 대답해야 한다.

게다가 밸브는 몇 번을 돌려야 개방 상태에서 폐쇄 상태가 되는지(또는 그 반대)도 알아야 한다. 그 이유는 언뜻 봤을 때는 잠긴 것처럼 보여도 이물질이 걸려서 밸브가 움직이지 않았을 뿐이며 실제로는 잠기지 않은 경우가 있기 때문이다. 이런 일이 발단이 돼서 사고가 일어날 수 있다. 마무리로는 실제로 잠항하기 전에 혼자서 모든 구획의 합전 준비를 진행한다. 무사히 잠항에 성공했다면 합격이다.

승조원의 수하물 무게까지 측정

잠항 직전에도 중요한 준비를 마친다. 그중 하나는 함교 정리다. 수상 항행 중에는 함교에 일본 자위함기와 지휘관기가 걸려 있으나 이를 내리고 깃대를 함내에 격납한다. 그리고 다른 배의 레이더에 잘 비추도록 잠수함에는 레이더 반사기가 달려 있다. 이 또한 물속에서 이동할 때 방해가 되므로 함내에 격납한다.

함내에서는 트림 조절이 이뤄진다. 트림 조절은 출항한 이후의 첫 잠항 상태(잠수함의 중량이 부력과 균형을 이루고, 선체 전후와 좌우의 균형도 잡힌 상태)처럼 잠항 전에 각 조절 탱크의 해수량을 조절해서 이와 동일한 컨디션을 유지하는 작업이다. 지난 출항의 첫 잠항에서 잠수함을 안정시킨 트림(조절) 상태에 도달하면 당시 배 외부와 내부 조건을 기록한다. 연료계의 수치, 각 조절 탱크의 해수량, 해수의 온도 등이다.

출항 후 첫 잠항을 하기 전에 트림 계산을 한다. '지난 출항 이후 연료를 얼마나 사용했고 연료를 얼마나 실었는가?', '신선 식품은 각 구획에서 얼마나 소비하고, 각 구획에 얼마나 실려 있는가?', '냉동식품은 얼마나 소비하고 냉동고에 얼마나 실려 있는가?', '승조원은 얼만큼의 수하물을 어느 구획에서 꺼내 옮겼는가?' 등을 매일 자세하게 기록한다.

따라서 정박 중인 잠수함의 현문에는 저울이 놓여 있으며, 현문을 지나가는 승조원은 반드시 수하물의 무게를 재고 '어느 구획으로 옮길 것인가?', '어느 구획에서 가져온 것인가?'를 현문 당직원에게 신고한다. 이 자료를 바탕으로 장교인 기관장의 감독하에 기관사가 트림 계산을 한다. 그 결과를 참고해 각 조절 탱크의 주수와 배수가 이뤄지며 해수량을 조절한다. 앞선 여러 준비가 끝나면 잠수함은 드디어 잠항한다.

▲ 함교에 걸린 깃발. 수상 항행 중에는 게양하지만 잠항할 때는 함내에 격납한다.
(자료 : 일본 해상자위대)

3-02 잠항하기

MBT에 해수를 넣으면 잠입한다

잠항과 부상의 원리를 이해하는 가장 쉬운 방법은 욕조에서 세숫대야를 포개어 물에 담그는 것이다. 세숫대야 안으로 물이 조금씩 들어오지만, 그 이상은 들어오지 않는다. 이 상태가 부상 중인 잠수함의 메인 밸러스트 탱크의 상태다. 그러다 세숫대야의 바닥(세숫대야 중 윗부분)에 구멍을 뚫으면 안에 물이 들어와서 금세 가득 찬다. 이것이 잠항이다.

잠수함은 MBT에 있는 공기로 얻은 예비 부력으로 부상 상태를 유지한다. 합전 준비가 완료되고 함장이 '잠항' 명령을 내리면 모든 MBT의 꼭대기 부분에 있는 벤트 밸브를 개방한다. 앞서 말했듯이 MBT의 바닥은 플랫 포트가 열려 있는 상태이기 때문에 곧바로 해수가 들어와서 잠수함이 예비 부력을 잃고 물속으로 가라앉는다. 이때 빠르게 잠항하기 위해서 함수가 아래로 향하도록 선체를 기울이고, 네거티브 탱크의 음성 부력 효과를 이용한다. 선체가 물속으로 들어가면 네거티브 탱크는 필요 없으므로 고압 공기로 해수를 배 바깥으로 밀어낸다.

지정된 심도에 도착하면 지정된 조건에서 잠수함의 중량과 부력의 균형이 맞게끔 조절 탱크를 사용해 잠수함 중량과 앞뒤 균형을 조절한다. 이러한 잠입 방법을 보통잠입이라고 부르며 현재 일반적으로 사용한다. 영화 〈특전 U보트〉와 같은 영화를 보면 승조원이 함교에서 함내

잠항의 메커니즘

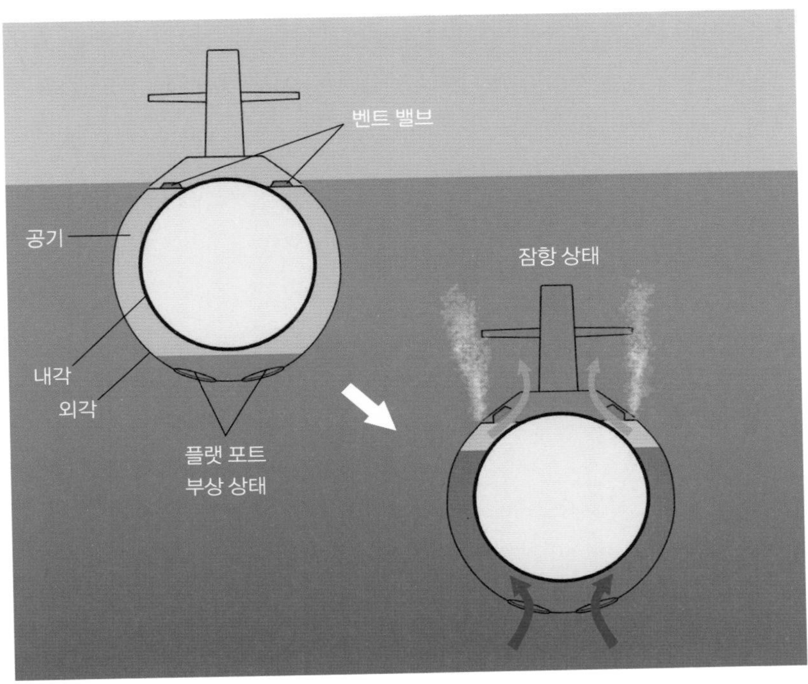

▲ 잠수함은 부상 상태에서 벤트 밸브를 열면 플랫 포트에서 해수가 들어와 부력을 잃고 잠입한다. (참고 : 일본 해상자위대 자료)

▲ 미국 해군의 원자력 잠수함 '햄프턴'. 앞뒤에 있는 메인 밸러스트 탱크에서 공기와 해수가 나오고 있다. 해수가 뿜어져 나오는 장소, 다시 말해 벤트 밸브가 있는 곳이 함수와 함미뿐이므로 미국의 원자력 잠수함은 메인 밸러스트 탱크가 작아서 예비 부력이 작다는 것을 알 수 있다. (자료 : 미국 해군)

로 뛰어드는 한편, 함내에서는 다른 승조원이 함수 쪽에 있는 발사관실로 달려가는 장면이 있다. 이를 급속잠항이라고 하는데, 주요 활동이 수상 항주에서 벌어졌던 시대에는 1초라도 빨리 잠수하지 않으면 생명의 위협을 받았다. 따라서 '잠항' 명령이 나오면 이와 동시에 벤트 밸브를 열고 잠항을 시작했다. 만약에 함교에 이어지는 함교 해치가 수면 아래로 갈 때까지 폐쇄되지 않으면 곧바로 잠항을 중지하고, MBT의 해수를 고압 공기로 배수해 부상해야 한다. 그러나 오늘날에는 원칙상 급속잠항을 하지 않는다고 생각해도 무방하다. 또한 출항 후의 첫 잠항은 트림 다이브라고 부르며 특별하게 취급한다.

잠항 지휘관과 유압수

잠항의 핵심은 잠항 지휘관과 유압수(또는 잠항 관제원)다. 잠항 지휘관은 앞에서 조금 설명했지만 선원이나 기관사로 배치되는 젊은 잠수함 간부가 맡는다. 잠항 지휘관의 최대 임무는 명령받은 심도를 유지하는 것이다. 바닷속에서 움직이면 함내의 인원 이동, 연료 및 식료품의 소비, 때로는 어뢰의 발사 및 해수의 상황 변화와 속력의 변환 등 심도를 유지하기 위한 환경 조건이 변한다. 이에 대응해 잠항 지휘관은 잠수함의 중량 변화를 조절하고 심도를 유지하는 데 힘쓴다. 그 판단 기준이 되는 것이 잠항타와 횡타의 움직임이다.

예를 들어 잠수함이 무겁다고 가정했을 때, 그대로 두면 심도는 점점 증가한다. 따라서 잠항타의 조타원은 키를 위로 잡아서 심도를 유지하려고 한다. 잠항타는 선체 중심보다 앞에 설치돼 있으므로 잠항타를 위로 잡으면 함수가 위로 향한다. 횡타의 조타원은 명령을 받은 자세각을 유지하려고 위로 올라가는 함수를 억제하듯이 키를 아래로 잡는다. 이

▲ 잠항을 시작한 미국 해군의 원자력 잠수함 '조지아'. 앞뒤에 있는 메인 밸러스트 탱크에서 공기가 뿜어져 나오는 것을 확인할 수 있다. 미국 해군은 '오하이오급' 탄도 미사일 탑재 원자력 잠수함 중에서 4척을 개량해, 순항 미사일 탑재 원자력 잠수함(함종 기호 SSGN)으로 변경했다. 24기가 있던 트라이던트 탄도 미사일의 발사통 중 22기에 토마호크 순항 미사일 7발을 탑재했고, 남은 2기는 해군의 특수 전투 부대인 SEALs의 록아웃 체임버로 사용하기로 했다. 상갑판에는 SEALs를 운용하기 위한 소형 잠수함 Advanced SEAL Delivery System(ASDS)이나 Dry Deck Shelter(DDS)를 탑재하는 것도 가능하다. '조지아'는 개량된 '오하이오급' 순항 미사일 탑재 원자력 잠수함 중 하나로 상갑판에 DDS를 탑재한다. (자료 : 미국 해군)

▲ SEAL Delivery System을 사용해 훈련을 진행하는 SEALs 팀 (자료 : 미국 해군)

▲ 미국 해군의 원자력 잠수함 '플로리다'의 록아웃 체임버 (자료 : 미국 해군)

런 식으로 잠수함은 그 상태에 따라 잠항타와 횡타가 특정 방향을 향하는 경향이 있으며, 잠항 지휘관은 이를 보고 조절 탱크의 주수와 배수, 이수를 결정해서 명령받은 심도를 유지한다.

잠항할 때 '잠항 지휘관이 핵심이다.'라고 하는 이유는 잠입하고 나서 최대한 빠르게 물속에서 안정된 상태를 만들어야 하는데, 일반적으로 속력 변환은 초계장이 관장하는 항목이지만 잠항하는 순간만큼은 잠항 지휘관에게 맡기기 때문이다. 잠항 지휘관은 키나 조절 탱크의 주수와 배수, 이수만으로 대응하지 못하는 상황에 처할 경우, 속력을 이용해 명령을 받은 심도로 재빠르게 향하고 이를 유지한다.

유압수는 잠수함에서 초계직으로 배치된 해조사(海曹士. 부사관) 중 가장 지위가 높고 경험이 풍부한 잠수함 승조원이 자격 심사를 받아 배치된다. 일본산 1호인 '오야시오', 소형이라 불린 750톤급의 잠수함 등에서는 벤트 밸브를 개폐하기 위해 유압 흐름을 제어하는 밸브를 '유압n련 밸브'라고 불렀으며 밸러스트 컨트롤 패널 옆에 MBT의 수만큼 조작 레버가 나열돼 있었다. '벤트 개방'을 하라는 명령이 내려지면 유압수는 멋진 손놀림으로 이 레버를 조작해 벤트 밸브를 개방한다.

옛날에는 이 동작이 아주 멋있었지만 과학 기술의 발전으로 전자 밸브가 도입됐고, 현재는 토글스위치를 살짝 움직이는 동작으로 간소화됐다. 유압수는 스노클을 실시하는 경우에도 스노클 마스트의 상승, 배수, 급기 라인의 형성, 주 기기의 기동, 스노클 중 이상 유무 확인 등에서 중심 역할을 맡는다. 다만 '오야시오급' 잠수함 이후로는 자동 스노클이 이뤄지기 때문에 유압수의 근무 형태도 변했다. 그러나 스노클이 자동화된 후에도 각 과정을 유심히 지켜보며 문제가 발생했을 때 곧바로 대처할 준비를 한다는 점에는 변화가 없다.

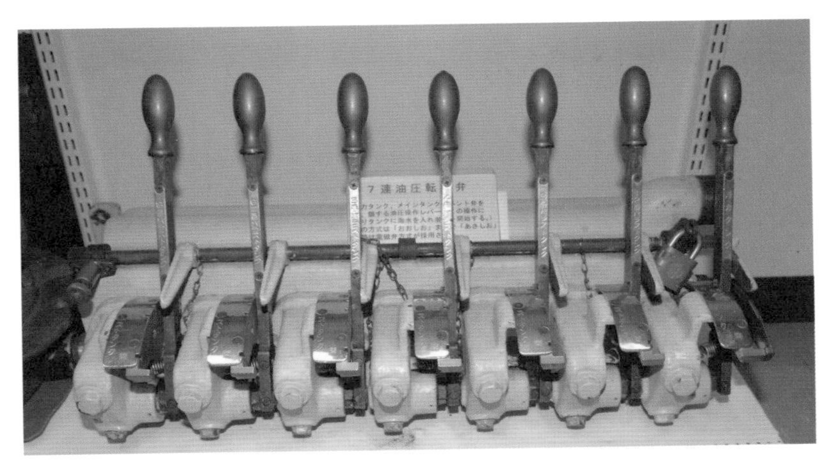

▲ 잠수함 교육 훈련대의 자료실에 보관된 유압 7련 밸브. 1,600톤급의 '오야시오'까지 사용했다. 개량형인 '아사시오급'부터는 전자 밸브를 썼고, 아래 사진과 같은 토글스위치로 개폐한다. (자료 협조 : 일본 해상자위대)

▲ '유시오급' 잠수함의 밸러스트 컨트롤 패널에 있는 벤트 밸브 개폐용 토글스위치. 정박 중에는 실수로 작동하는 일이 없도록 아크릴 커버로 덮어두고 자물쇠로 채운다. 토글스위치 위에 '메인 탱크·벤트 밸브'와 '9번', '8번' 등이 적혀 있는데, 각 MBT에 있는 벤트 밸브의 개폐 상태를 표시한 것이다. (촬영 협조 : 일본 해상자위대 구레지방총감부)

3-03 부상하기

고압 공기를 MBT에 주입한다

여러분은 공기에 맛이 있다는 사실을 알고 있는지? 잠수함에서 오랜 활동을 끝내고 항구로 되돌아오며 부상할 때, 함교에 서서 숨을 쉬면 공기가 정말로 달콤하고 맛있게 느껴진다. 이 특권은 함장이 아니라 부상할 때 당직을 서는 초계장과 항해과원만 맛볼 수 있다.

부상은 잠항의 역순이라고 생각해도 무방하다. 해수로 가득 차 있는 MBT에 고압 공기를 주입해 해수를 밀어낸다. 물론 이때 벤트 밸브는 닫힌 상태다. 고압 공기를 저장해 놓는 기축기는 다음 페이지의 그림을 기준으로는 함내에 있는 것으로 돼 있지만, 실제로는 MBT 안에 있다. 초계장의 "부상해라."라는 명령을 받으면 잠항 지휘관은 "메인 탱크, 송풍."이라고 지시한다. 앞서 말했듯이 일본 잠수함에서는 MBT를 '메인 탱크'라고 부른다.

잠항 지휘관의 지시를 받은 유압수는 밸러스트 컨트롤 패널 또는 십 컨디션 컨트롤 패널에 있는 스위치를 조작해 MBT에 고압 공기를 넣는다. MBT로 흘러 들어가는 고압 공기의 '쉬익' 소리를 들으면 '드디어 귀항이구나.' 하는 생각이 든다. 다만 고압 공기만으로는 MBT 내부의 해수를 완전히 밀어내지 못한다. 어느 시점부터는 고압 공기만 플랫 포트에서 빠져나온다.

■ **부상 메커니즘**

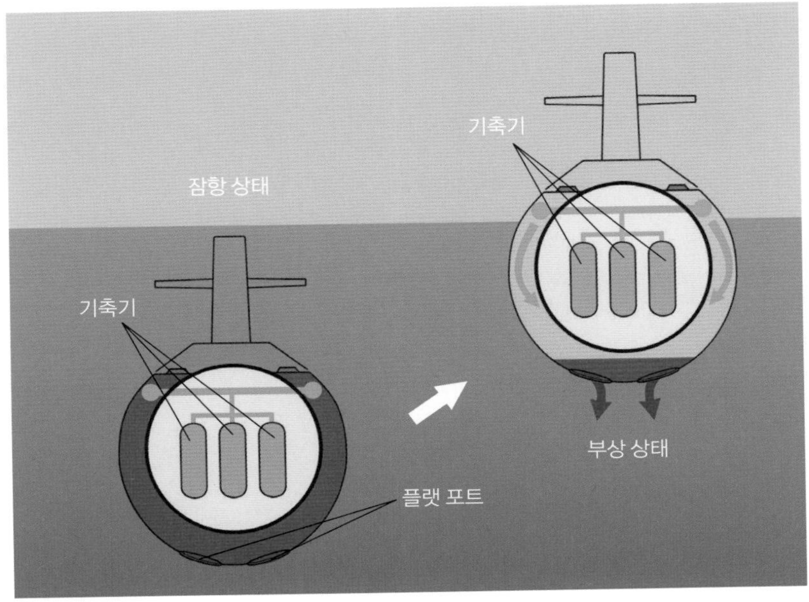

▲ 그림에서는 기축기가 함내에 있는 것처럼 묘사돼 있지만 실제로는 내각과 외각의 사이, MBT 안에 있다. 이를 그림으로 나타낸다면 공기 흐름을 나타내는 화살표와 겹치기 때문에 실제와 다르게 묘사했다. 일반적으로는 기축기에서 직접 고압 공기가 들어오는 것이 아니라, 감압 밸브를 통해 압력을 어느 정도 줄인 고압 공기를 사용한다. (참고 : 일본 해상자위대 자료)

그래서 부력이 어느 정도 확보됐음을 확인하고 나면, 고압 공기의 주입을 멈추고 디젤 엔진을 기동한다. 여기에서 나온 공기를 각 MBT로 유도해 천천히 해수를 밀어낸다. 이를 저압 배수라고 부른다. 디젤 엔진의 배기를 이용하지 않고, 저압 송풍기를 사용해 저압 배수를 진행하는 경우도 있다. 일본에서는 '하루시오급' 잠수함 이후로 저압 배수를 사용하지 않으며 여러 대의 일반 송풍기를 돌린다.

부상을 준비하는 작업 과정은 이렇다. 스노클 마스트를 올리고, 마스트 안에 들어가 있는 해수를 배수한 다음, 부상 후에 언제든지 디젤 엔진을 돌릴 수 있게 급기 라인을 준비한다.

초계장은 고압 공기의 주입을 멈춘 단계에서 잠수함이 안정적으로 부상했는지를 잠망경으로 확인하고 '함교 해치, 개방' 명령을 내린 뒤에 함교로 올라간다. 함교에 올라가면 먼저 외관에 이상이 없는지를 확인하고, 함교에서 조작하겠다는 것을 함장에게 보고한 뒤에 수상 항주

로 이행한다.

부상 직후에 상갑판에서 깜짝 손님을 마주할 때도 있다. 바로 빨판상어다. 물속을 천천히 움직이는 경우가 많은 잠수함이라면 빨판상어에게는 딱 좋은 탈것이다. 딱 달라붙은 상태로 물속을 이동하며 즐기다가 갑자기 잠수함이 부상하면서 그대로 상갑판에 달라붙은 것이다.

◀ 부상 직후의 '오야시오급' 잠수함 '다카시오'. 함교에 초계장과 망을 보는 승조원이 올라와 있다. (자료 : 일본 해상자위대)

3-04 스노클의 시작은?

U보트가 세계 최초로 탑재했다

제2차 세계대전 중에 대서양에서 독일의 U보트와 영국을 중심으로 한 연합국과의 격렬한 전투가 펼쳐졌다. 독일의 해군 제독인 되니츠가 지휘하던 U보트는 개전 이후로 순조로운 전과를 거뒀다. 1940년에는 약 390만 톤의 적선이 격침됐고 1941년에는 약 40만 톤, 1942년에는 약 780만 톤으로 피해가 늘었다.

그렇다고 영국을 비롯한 연합국이 노력을 게을리한 것은 아니다. 미국이나 일본(추축국)에서 소리를 이용해 물속에 있는 잠수함을 탐지하는 ASDIC(소나라고 부름)을 개발하기도 했으며, 독일의 암호를 해독하는 기술을 개발하는 등 다양한 대항책을 강구했다.

그중에서 U보트의 천적 중 하나였던 것이 바로 단파 무선의 방향을 측정하는 HD-DF(High Frequency Direction Finder. 고주파 방향 탐지기)와 레이더를 탑재한 장거리 항공기다. 프랑스의 항복 이후 대서양 연안에 기지가 있던 U보트도 연합군이 이 장거리 비행기를 배치한 뒤로는 수상 항행으로 살짝 접근하기만 해도 항공기의 레이더에 탐지될 위험이 커졌다. 그렇게 U보트의 피해가 점점 커졌다.

독일은 이 사태에 대응하려고 2가지 장비를 개발했다. 하나는 현재 ESM의 원조라 불리며 적의 레이더파를 탐지하는 장치, 비스케이 십자가다.

또 다른 하나는 충전을 위해 부상하지 않고 U보트가 잠수한 상태에서 디젤 엔진을 운전해 충전하는 장치다. 잠수한 채로 디젤 엔진을 운전하려고 공기를 빨아들이는 마스트가 개발됐고, 그 모양을 따라서 '돼지 코'(Schnorchel)라고 불렀다. 이것이 바로 스노클(snorkel)이다.

▲ 사진은 U보트의 스노클 마스트. 스노클의 시초다. (자료 : Naval History and Heritage Command)

3-05 스노클의 원리

잠수함이 가장 위험한 타이밍

스노클은 단순히 말하면 '잠수함이 잠수한 채로 급기구를 해상에 내밀어 공기를 흡수하고, 디젤 엔진을 운전해 공기를 배출하는 시스템'을 가리킨다.

공기를 흡수하기 위해 목욕탕의 굴뚝처럼 생긴 급기통을 해상으로 내민다. 급기통과 이어진 급기관은 기계실의 하부에 입구가 열린다. 공기와 함께 들어온 해수는 기계실의 하부에 빌지(기름이 포함된 오수)가

■ 스노클 이미지

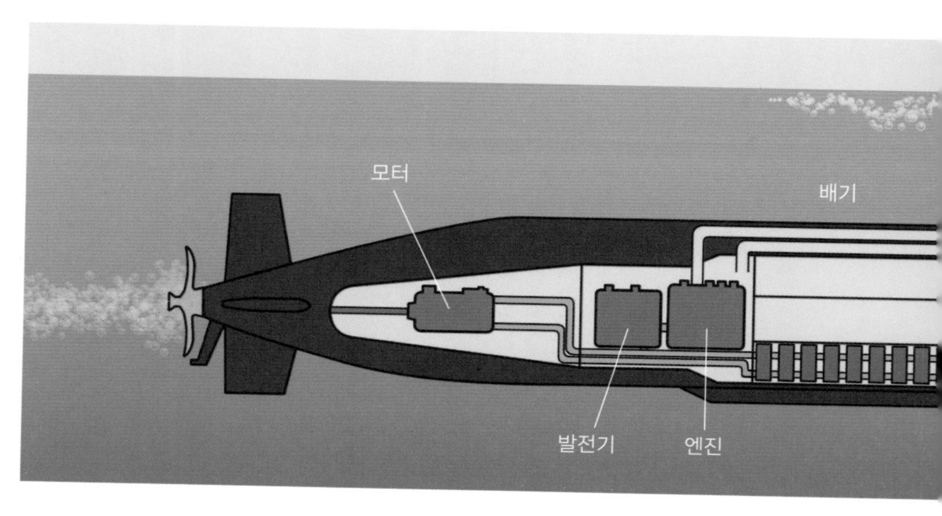

돼 쌓이는데, 엔진에는 흡수되지 않는다. 이 급기관에는 중요한 밸브가 2개 있으며, 이를 닫으면 해수가 기계실로 들어오지 않는다.

바다는 늘 조용하지 않다. 급기통이 목욕탕의 굴뚝처럼 실제로 열린 상태라면 거친 바다에서 스노클을 할 때 해수가 흘러 들어온다. 그래서 급기통의 꼭대기에는 두부 밸브라는 밸브를 설치하는데, 이를 전극이 둘러싸고 있다. 해수가 전극에 닿는 순간 두부 밸브가 닫히며 해수의 침입을 막는다.

다만 함내의 디젤 엔진은 함내의 공기를 빨아들여 계속 운전하므로 함내 기압이 급격히 내려간다. 일본은 잠수함에 비행기에 설치되는 것과 동일하게 기압을 감지해 고도를 계산하는 고도계를 설치한 적이 있다. 스노클 중에 두부 밸브가 닫히면 고도계 바늘은 어지러울 정도로 빠르게 움직이며 기압이 내려간다. 그리고 전극이 해수와 닿지 않는 순간에 두부 밸브가 열리면 함내 기압은 곧바로 대기압으로 되돌아간다.

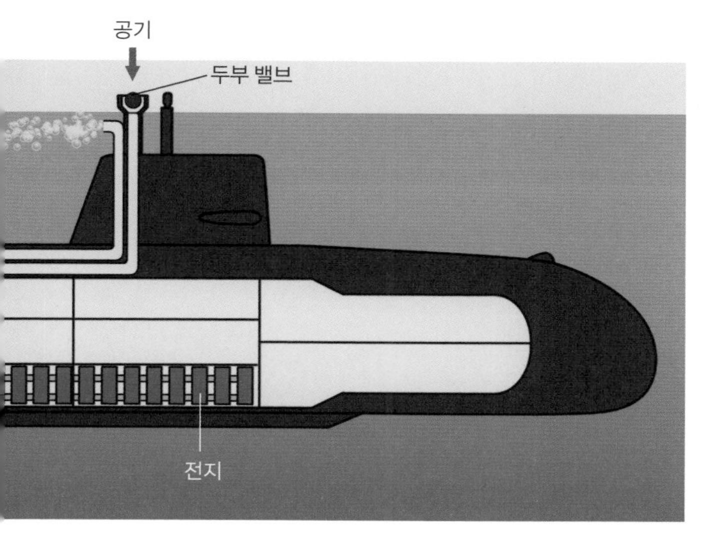

◀ 급기통에서 공기를 흡수해 디젤 엔진을 돌리고, 배기통에서 물속으로 배기한다. (참고 : 일본 해상자위대 자료)

만약에 두부 밸브가 계속 열려 있다면 함내는 점점 진공 상태에 가까워지고 승조원이 피해를 입을 수 있으므로 함내 기압이 정해진 수치까지 내려가면 자동으로 엔진이 정지하는 안전장치가 달려 있다.

스노클은 늘 위험과 마주한다

엔진의 배기는 수상 항행 중에 밸브 개폐를 통해 함미 방향으로 유도되며, 머플러(내연 기관에서 나오는 배기가스에 의해 발생한 소음을 줄이는 장치)를 거친 뒤 외부로 배출된다. 스노클은 함수 방향으로 유도되며 배기통을 거친 뒤 수중으로 나온다. 수중으로 배출되는 이유는 대부분 배기가 수증기와 탄산가스이고, 이들은 물속에 녹기 때문이다. 또한 배기통이 항상 수면 아래에 있기에 배기 압력이 일정 수압 이상이 아니면 해수가 디젤 엔진으로 역류한다. 이를 방지하려고 밸브는 배기 압력이 규정된 수치보다 내려가면 자동으로 닫히며, 스노클을 정지하고 해수의 침입을 막는 안전장치를 장착한다.

스노클은 잠항한 채로 디젤 엔진을 운전하기 위해 개발했지만 큰 결점이 있다. 하나는 운전하는 디젤 엔진이 소음을 발생시킨다는 점이다. 적의 소리를 듣는 능력이 발달한 현대에서는 치명적인 결점이라고 봐도 무방하다. 다른 하나는 급기통의 끝부분이 수면에 나와 있어서 적의 레이더에 발견될 가능성이 있다는 점이다. 급기통의 끝부분이 아니더라도 마스트나 잠망경에 의해 발생하는 웨이크(항적)가 레이더에 탐지될 수 있다. 이는 이후에 설명할 AIP 기관의 도입으로 이어진다.

어찌 됐든 스노클은 잠수함이 가장 위험해지는 순간이다. 그래서 스노클을 하기 전에는 위협이 되는 레이더파가 없는지 꼼꼼하게 확인한다. 스노클을 시작한 뒤에도 소노부이(sonobuoy. 음파 탐지 부표)가 설치된 초계기가 탐색할 수도 있고, 적의 잠수함이 귀를 쫑긋 세우고 있을지도 모른다. 따라서 스노클을 긴 시간 동안 연속해서 실시하는 경우는 없다.

▲ 잠수함이 부상 중이며 스노클 마스트가 보인다. (자료 : 일본 해상자위대)

3-06 스노클의 희극과 비극

기압 변화에 대응하는 것이 가장 힘들다

거친 바다에서 스노클을 할 때 해수가 침입하지 못하게 두부 밸브가 설치돼 있다는 것과 작동 방식은 앞서(81쪽) 설명했다. 스노클 작업으로 함내 기압은 계속 변한다.

잠수함의 승조원도 거친 바다에서 이뤄지는 스노클 때문에 함내의 기압 변동을 계속 겪는다. 그러므로 잠수함 승조원을 선발할 때 신체검사에서 중요하게 보는 것이 귀 압력 빼기다.

모든 사람이 겪어본 적이 있을 것이다. 일반적으로 인간의 귀는 바깥 기압이 내려가면 고막을 통해 바깥과 안쪽의 압력을 같게 만들려고 한

귀 압력 빼기란?

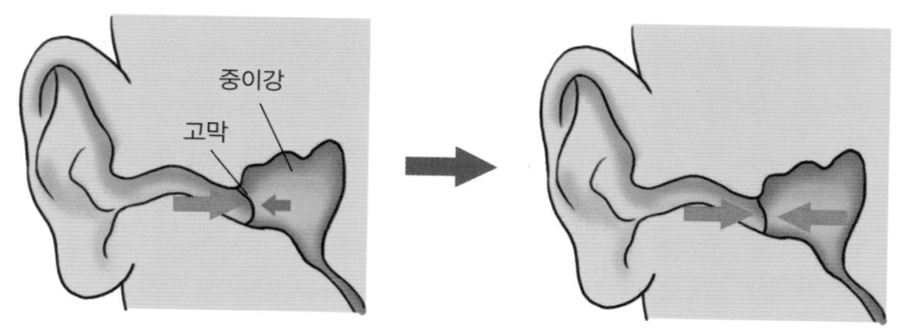

▲ 귀의 바깥 기압이 올라가면 고막은 기압이 낮은 안쪽으로 밀린다. 이때 코를 막고 안쪽에서 압력을 걸어 바깥 기압과 같은 압력으로 만드는 것이 바로 귀 압력 빼기다.

다. 이를 균압이라고 부른다. 그러나 바깥 압력이 올라갈 때는 균압이 자동으로 이뤄지지 않기 때문에 코를 막고 고막 안쪽에 압력을 걸어야 한다. 기차를 타고 터널을 지나가는 상황이라고 가정해 보자.

자고 있을 때는 귀 압력 빼기가 불가능하므로 막 일어난 시점에서는 사람 목소리가 왠지 멀리서 들리거나 작게 들리는 것 같은 느낌이 든다. 이때 무심코 귀 압력 빼기를 하는 것은 위험하다. 고막이 어느 쪽으로 팽창된 상태인지 알 수 없기 때문이다. 만약에 내압이 높고 외압이 낮아서 고막이 바깥쪽으로 팽창된 상태임에도 코를 막고 내압을 더 높인다면 고막이 상처를 입을 수 있다. 그래서 턱의 관절을 움직여 고막 안쪽과 바깥쪽의 압력을 같게 만드는 노력을 한다.

귀 압력 빼기를 하지 못하는 것도 위험하지만 더 위험한 것이 바로 충치다. 충치 구멍에는 작은 기포가 있다. 스노클 중에 함내 기압이 내려가면, 충치 안에 있는 기포가 급격히 커지며 신경을 압박한다. 이는 성인 남성도 눈물이 나올 정도의 통증이다.

스노클 중에 잠수함 내부의 화장실을 사용할 때도 주의해야 한다. 화장실 오수는 일단 새니터리 탱크에 모은다. 그래서 잠수함의 화장실 아래에는 플래퍼 밸브가 달렸다. 볼일을 보고 나면 변기 옆에 있는 플래퍼 밸브의 레버를 당겨서 밸브를 열고, 오수를 탱크 안에 떨어뜨린다. 밸브를 닫은 뒤에 세정 해수 밸브를 열어서 변기 안에 약간의 물을 모은다.

스노클 중에, 특히 날씨가 거친 상황에서는 화장실을 사용할 때 함내 압력 변화에 주의하며 플래퍼 밸브를 열어야 한다. 함내 기압이 내려가고, 새니터리 탱크 안의 압력이 높아진 순간에 새니터리 밸브를 연다면 어떤 일이 발생할지는 말하지 않아도 충분히 상상이 될 것이다.

4장

잠수함의 동력

현대 잠수함은 축전지 전기로 모터를 돌리는 재래식 잠수함과 원자력으로 터빈을 돌리는 원자력 잠수함으로 크게 나눌 수 있다. 재래식 잠수함이 공기를 사용하지 않고, 충전할 수 있는 AIP에 대해서도 알아본다.

4-01 주기

전동기가 추진기를 구동한다

재래식 잠수함의 추진 방식은 일반적으로 디젤 일렉트릭이라 부른다. 이름을 보면 알 수 있듯이 디젤 엔진과 축전지, 발전기를 탑재한다.

역사적으로 보면 홀랜드 잠수함은 가솔린 기관을 탑재했다. 이는 '제6호 잠수정'의 정장 사쿠마 쓰토무(佐久間勉) 대위가 유서에 "가솔린 때문에 정신이 흐릿하다."라고 남긴 것을 통해서도 알 수 있다. 이후 디젤 엔진으로 점차 교체됐고, 각국은 잠수함용 고속 디젤의 개발에 돌입했다. 제2차 세계대전 이전의 잠수함은 초계 구역 이동 또는 목표 추적과 접적(接敵)이 주로 수상 항주로 이뤄졌다. 따라서 고속 수상 항주가 필요했다. 일본 해군도 '함본식 1호 디젤', '함본식 2호 디젤'을 개발했고, 수상 속력이 23노트까지 나오는 '이호 잠수함'을 건조했다.

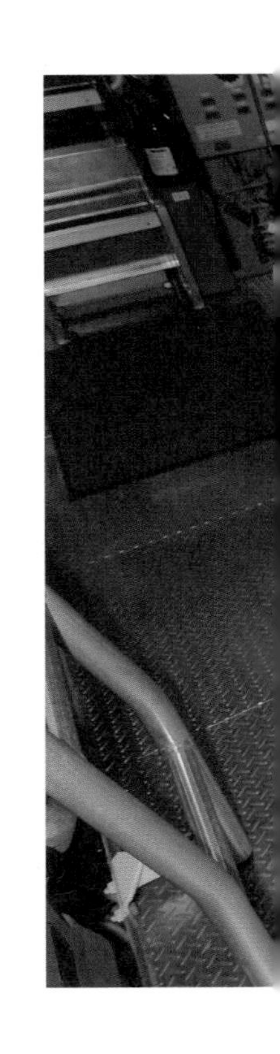

제2차 세계대전 이후부터 재래식 잠수함에 탑재된 디젤 엔진의 역할은 점점 변했다. 기존에는 수상 항주 중에 디젤 엔진으로 추진기를 구동하다가 잠항할 때 전동기로 전환하는 방식이었다. 일본 해군에서는 잠항할 때 "전동기로 전환해라."라는 구두 명령이 있었다고 한다. 그러나 잠수함은 정숙함을 유지해야 한다는 문제가 있었고, 기술이 진보함에 따라 수상과 수중에 관계없이 추진기는 전동기가 구동하고, 디젤 엔진은 충전 및 전동기를 구동하기 위한 발전기의 동력원이라는 역할을 맡았다.

일본에서는 제2차 세계대전 이후, 첫 일본산 잠수함 '오야시오(선대)'부터 가와사키 중공업이 독일 MAN사의 디젤 엔진을 라이선스 생산으로 만든 '가와사키-MAN V8V 디젤 엔진'을 주기로 사용했다. '하루시오급' 잠수함부터는 '가와사키 12V25/25S'로 발전했다.

▼ '소류급' 잠수함에 탑재된 가와사키 12V25/25SB 디젤 엔진 (자료 협조 : 일본 해상자위대)

전지·충전

리튬 이온 전지로 성능이 올라가다

재래식 잠수함의 수중 동력원은 납축전지다. 납축전지는 이산화납을 극판 물질로 하는 클래드식의 양극판(정극판), 납을 극판 물질로 하는 음극판(부극판), 그 사이에 극판끼리 쇼트가 일어나지 않도록 설치된 분리기로 구성된 셀이 전해액인 묽은 황산에 잠겨 있는 것이 기본 구조다. 셀 하나의 기전력은 약 2V다. 전조라고 불리는 바깥 상자 안에는 셀 여러 개가 들어가 있고, 이들이 직렬로 연결된다. 자동차용 축전지를 예로 들면 셀은 6개가 들어 있으며 기전력은 12V다.

납축전지의 방전과 충전이 어떻게 이뤄지는지 메커니즘을 알아보자. 방전할 때는 전지 안에서 양극판의 이산화납 및 음극판의 납이 황산과 화학 반응을 일으키며 황산납을 만든다. 이때 음극에서 황산은 황산기를 납에게 빼앗겨 물이 되므로 전지의 전해액인 묽은 황산의 농도는 열어진다.

농도를 열게 만드는 방법은 전지의 기전력과 거의 비례하므로 전해액의 농도를 알면 방전을 얼마나 할 수 있는지(이를 전지의 용량이라고 부름)를 어느 정도 알 수 있다. 잠수함에서는 전해액의 농도를 염두에 두고 작전을 짠다. 예를 들면 적과 마주쳤을 때 전지 용량을 어느 정도로 할 것인지를 고민한다.

▲ 잠수함용 전지. 이 전지가 전부 전지실과 후부 전지실에 각각 탑재돼 있다.
(촬영 협조 : 일본 해상자위대 구레지방총감부)

납축전지에서 리튬 이온 전지로

세월이 흐르면서 잠수함용 축전지도 그 모습이 바뀌었다. 기존에는 납축전지를 사용하다가 리튬 이온 전지로 바뀄다. 리튬 이온 전지의 강점은 에너지 밀도가 높다는 점, 셀 회로 전압도 2V인 납축전지에 비해 4V 정도라서 80% 방전한 뒤에 충전하는 충·방전 사이클을 약 2,000회 실시할 수 있다는 점이 있다.

재래식 잠수함의 숙명은 전지의 충전이라고 말해도 과언이 아니다. 4-4에서 설명할 공기불요추진체계를 탑재하지 않는다면 물속에서 움직이는 잠수함의 동력원은 앞서 말했던 2차 전지다. 2차 전지를 사용한다는 것은 전지를 방전한다는 뜻이므로 어떻게든 충전해야 한다. 재래식 잠수함이 반드시 어딘가에서 스노클을 해야 하는 이유가 바로 이것이다.

전지 관리

피처폰이나 스마트폰을 사용하다가 배터리가 다 떨어져서 곤란했던 적이 있는지 모르겠다. 최근에는 보조 배터리를 팔고 있으므로 많은 사람이 이를 가지고 다니는 것 같다. 그런데 휴대전화를 구매할 때 "충전과 방전을 너무 자주 반복하면 배터리에 좋지 않습니다."라는 문구를 본 적이 있는가?

이는 잠수함용 축전지에도 똑같이 적용되는 말이다. 잠수함용 축전지가 도중에 다 떨어지면 모든 기기가 정지하며 행동 불능 상태에 빠진다. 전지가 다 떨어지지 않도록 그때그때 조금씩 충전하다 보면 잦은 충전과 방전 때문에 전지 수명이 줄어든다. 이를 막으려고 상황에 따라 다양한 충전 방법을 이용해서 전지 성능을 유지하려는 노력이 이어지고 있다.

앞서 말했듯이 수중에서 움직이는 잠수함은 장시간 스노클을 하지 않는다. 따라서 충전도 '스노클을 한 만큼만' 한다. 한편, 충전이 끝날 때는 수소 가스가 발생하기 때문에 물속에서 움직이는 중이라면 수소 가스가 발생하기 이전 단계에서 충전을 종료한다. 따라서 어쩔 수 없이 잦은 충전과 방전을 반복한다.

잠수함은 전지를 완충 상태로 되돌리기 위해서 정박하는 동안에 정기적으로 충전을 진행한다. 이때는 종기 최대 충전 전류(충전의 마지막에는 수소 가스가 발생한다. 이때 초기의 전류 그대로 충전을 지속하면 수소 발생이 격해지며 비등 상태처럼 변한다. 이런 상황을 피하려고 충전 종기에는 충전 전류를 조절하며, 이 최대 수치가 종기 최대 충전 전류다.)의 전류치를 정해 충전 종기까지 충전하고, 정해진 시간 간격에 정해진 횟수와 전압을 계산해 수치가 상승하지 않으면 충전을 종료한다. 이를 통상 충전이라고 한다.

통상 충전으로 완전히 충전하는 것은 불가능하다. 따라서 모든 전지의 상태를 균일하게 유지하기 위해 대략 한 달에 한 번꼴로 균등 충전을 진행한다.

전지를 완전히 회복하는 균등 충전

균등 충전을 위해 일단 전지를 완전히 텅 빈 상태로 방전시킨다. 충전이 종료되고 일정 시간이 지났을 때, 전지 속 전해액의 액면이 정해진 높이가 되도록 모든 전지의 액면을 측정해서 순수(純水)를 보충한다.

보충하는 순수는 미리 저항치를 측정해 기준을 충족한 것을 사용한다. 충전을 시작하기 전에 충전 라인업을 전기원과 당직사관이 다시 확인한다. 충전을 개시하고, 충전 종기에 돌입하면 정해진 종기 전류로 충전해 일정 간격으로 정해진 횟수의 전압을 측정한다.

일단 충전을 종료하고 통풍을 시킨 뒤에 기준으로 정한 전지의 비중, 온도, 액면을 측정한다. 다시 충전을 시작해 같은 측정을 거친 뒤 비중이 상승하지 않았다면 충전을 종료한다.

균등 충전은 저녁부터 시작하며, 다음 날 오전 중에 모든 것을 종료한다. 수소 가스가 발생하므로 승조원이 아침 식사를 하는 시간에는 함내에서 화기를 사용하는 일을 금지한다. 따라서 아침 식사 시간에 토스터를 사용할 수 없고, 승조원은 굽지 않은 식빵을 먹어야 한다.

충전 종기에 수소 가스가 발생해 전지 안에 쌓이면, 전조 안의 압력이 상승해 위험해지므로 이를 전조 바깥으로 배출해야 한다. 그러나 배출한 수소 가스가 스파크 때문에 인화하고, 그 불이 전조 안에 닿으면 폭발할 수 있다. 이를 방지하기 위해서 전지에는 방폭 배기 마개가 달려 있다. 방폭 배기 마개는 무작위로 추출한 샘플의 작동 상황을 정기적으로 확인할 수 있다.

전지를 관리하는 데 중요한 또 다른 요소는 전지 용량을 정기적으로 측정해 파악하는 것이다. 정해진 방전율로 방전시킬 때 걸리는 시간과 방전시킬 수 있는지로 판단한다. 이를 일본 해상자위대에서는 전지용량시험이라고 부른다.

시험 방법은 항주 시험과 정박 상태의 시험이 있다. 항주 시험은 실제로 정해져 있는 전지의 방전율로 항주해 시험을 진행한다. 정박 상태의 시험은 안벽(岸壁)에 설치된 방전 수조를 사용해 진행한다. 그리고 방전을 시작해 종료하기까지의 시간을 측정한다.

▲ 잠수함용 축전지의 방폭 배기 마개 (촬영 협조 : 일본 해상자위대 구레지방총감부)

4-03 원자력

증기로 터빈을 돌린다

원자력을 동력원으로 하는 최초의 잠수함은 1954년 9월 30일에 취역해 이듬해 1월 17일에 항행한 미국 해군의 '노틸러스'라는 것을 앞서 소개했다. 원자력을 동력원으로 사용하는 기본 원리는 수상 함선에 탑재된 증기 터빈의 추진 방식과 동일한다. 증기 터빈으로 추진하는 함선은 보일러로 물을 끓이고, 이를 통해 발생시킨 고온·고압의 수증기로 터빈을 돌린다. 원자력 잠수함은 보일러를 대신해 원자로를 사용하는데, 핵분열로 얻은 열로 물을 끓여서 터빈을 돌린다. 이때 추진기를 돌리는 방법에는 2가지가 있다.

첫 번째 방법은 수상 함선과 마찬가지로 터빈에서 감속 기어를 이용해 추진기를 돌리는 방법이다. 이 방법은 감속 기어에서 발생하는 잡음을 피할 수 없다. 감속 기어가 작동하려면 기어의 이와 이 사이에 백래시(back lash)가 있어야 하는데, 백래시 때문에 이와 이가 닿으면서 소음이 발생한다. 두 번째 방법은 터빈으로 발전기를 구동하고, 여기서 발생한 전기로 전동기를 돌려서 추진기를 구동하는 방법이다.

미국 해군은 1960년대 후반부터 1970년대 초에 걸쳐 '나왈', '글레나드 P. 립스콤'을 건조했으며 원자력 잠수함의 잡음 대책을 검토했다. 그 성과는 '로스앤젤레스급' 원자력 잠수함에 반영됐다.

미국 원자력 잠수함의 추진 방식에는 기어드 터빈(감속 기어를 이용해 증기 터빈의 출력을 추진기에 전달하는 방식)도 있으나 이미 기어드 터빈 방식을 폐지하고 있다는 정보도 있다. 추진 방식은 잠수함과 관련된 정보 중에서도 가장 핵심에 해당하므로 아주 두꺼운 베일에 싸여 있으며, 자세한 내용을 알기 어렵다.

▲ 수상 항행 중인 '버지니아급' 원자력 잠수함. 돌고래가 호위하듯이 수영하는 부분을 주목하면 좋다. (자료 : 미국 해군)

▲ 황금빛으로 물든 바다를 가르는 '버지니아급' 원자력 잠수함 (자료 : 미국 해군)

AIP 기관

공기 없이 충전한다

이미 설명한 이야기지만 재래식 잠수함이 작전을 지속하려면 디젤 엔진을 운전해 전지를 충전해야 한다. 디젤 엔진의 운전은 공기가 필요하므로 무조건 부상하거나 스노클을 한다.

이 치명적인 약점을 극복하기 위해 공기를 쓰지 않고 충전할 수 있는 시스템을 연구했다. 이것이 바로 AIP(Air Independent Propulsion system) 기관이다.

현재 AIP의 주류는 연료 전지와 스털링 엔진이라고 보아도 무방하다. 이외에는 액체 산소 같은 산화제를 이용해 디젤 엔진을 구동하는 폐회로 디젤 엔진, 제2차 세계대전 말기에 독일의 U보트 및 로켓 전투기로 알려진 메서슈미트 Me163 전투기에 탑재했던 발터 엔진을 포함한 폐회로 증기 터빈 등이 있다. 여기서는 연료 전지와 스털링 엔진에 대해 살펴본다.

연료 전지

연료 전지는 '물을 전기분해하는 과정과 정반대인 작용'을 통해 전기를 얻는다고 이해하면 좋다. 물을 전기분해하면 수소와 산소가 발생한다. 따라서 연료 전지는 수소와 산소를 연료로 삼아 전기를 생산한다.

전지 하나는 양극, 음극, 전해질로 구성되며 보통 셀이라고 부른다. 각 극은 전극과 촉매가 겹쳐져 있다. 음극으로 이동한 수소는 전자를 방출해 수소 이온이 되고, 전해질을 통해 양극으로 이동한다. 양극과 만난 산소는 조금 전에 방출돼 전극 외부를 돌다 양극에 도달한 전자와 결합해 산소 이온이 된다. 이것이 전해질을 통해 이동한 수소 이온과 결합해 물을 만든다. 이렇게 수소에서 방출된 전자가 전극을 통해 외부를 도는 것이 바로 전기가 발생하는 구조다. 셀 하나의 기전력은 약 0.7V로 알려져 있다. 실제 연료 전지는 분리기를 사이에 두고 여러 셀이 겹쳐진 형태다.

■ 연료 전지의 개념도

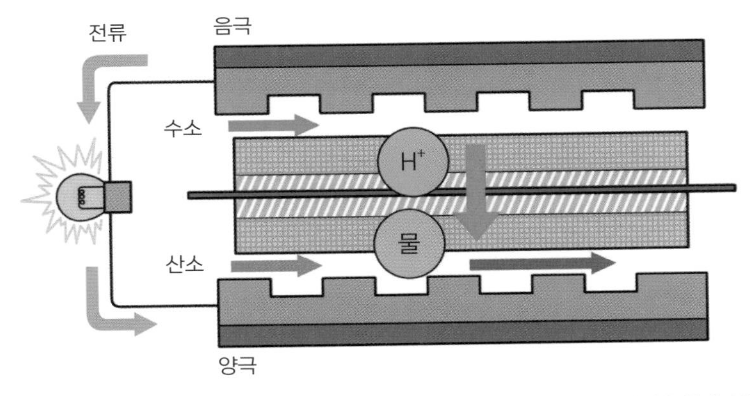

▲ 음극으로 이동한 수소는 이곳에서 전자를 방출해 수소 이온이 되고, 전해질을 통해 양극으로 이동한다. 양극으로 이동한 산소는 조금 전에 방출돼 전극 외부를 돌다 양극에 도달한 전자와 결합해서 산소 이온이 된다. 이것이 전해질을 통해 이동한 수소 이온과 결합해 물이 된다. 수소에서 방출된 전자가 전극을 통해 외부를 도는 것이 바로 '전기가 발생하는 원리'다.
(참고 : 《잠수함용 연료 전지 발전 시스템의 연구에 관한 외부 평가 위원회의 개요》, 일본 방위성)

스털링 엔진

공기는 뜨거워지면 팽창하고, 차가워지면 수축한다. 스털링 엔진은 이 같은 기체의 팽창과 수축을 이용한 것으로 스코틀랜드의 발명가 로버트 스털링(Robert Stirling)이 고안한 열기관이다.

디젤 엔진과 가솔린 엔진은 실린더 안에서 연료를 연소해 작동한다는 점에서 내연 기관이라고 부른다. 스털링 엔진은 실린더 바깥에서 연료를 태우고, 그 열로 실린더 안의 기체를 데운다는 점에서 외연 기관이다.

조금 전문적인 이야기이지만 스털링 엔진은 등적 가열, 등온 팽창, 등적 냉각, 등온 압축의 사이클을 반복하는 구조다. 그러나 피스톤 하나로 이 사이클을 돌리는 것은 실제로 불가능하므로 피스톤 2개를 사용하며, 그 사이에 90도의 위상차를 둬서 최대한 이론에 가깝게 운동하도록 설계한다.

스털링 엔진은 피스톤 2개를 어떻게 설정하느냐에 따라 크게 디스플레이서형 스털링 엔진과 이중 피스톤형 스털링 엔진으로 나뉜다. 디스플레이서형 스털링 엔진은 가열돼 작동 기체가 팽창하는 공간과 냉각돼 수축하는 공간 사이에서 작동 기체를 이동시키는 디스플레이서 피스톤, 그 압력차를 이용해 움직이는 파워 피스톤으로 구성된다.

이중 피스톤형 스털링 엔진은 이름 그대로 피스톤 2개를 이용해 작동 기체를 이동시키면서 동시에 동력을 추출한다. '소류급' 잠수함은 이중 피스톤형 스털링 엔진 4대를 탑재한다.

■ 스털링 엔진의 원리 개념도

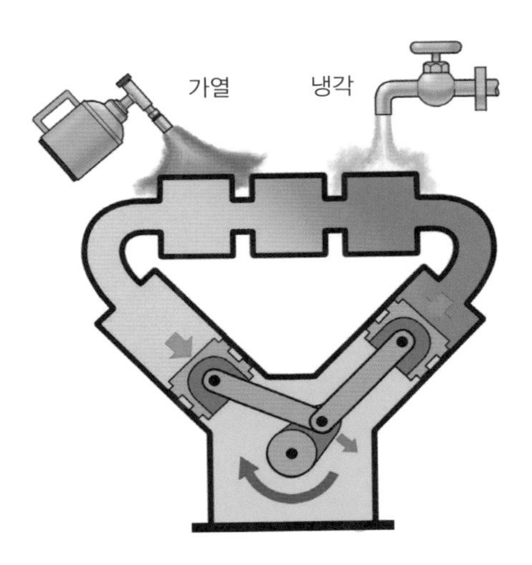

▲ 이중 피스톤형 스털링 엔진의 이미지. 가열하면 팽창하고 냉각하면 수축하는 공기의 성질을 이용한다. 온도가 다른 두 공간과 위상차가 90도인 피스톤 2개를 이용한다.
(참고 : 《잠수함용 연료 전지 발전 시스템의 연구에 관한 외부 평가 위원회의 개요》)

▲ '소류급' 잠수함에 탑재된 스털링 엔진의 인클로저(상자). 좌우에 2대씩 있다.
(자료 협조 : 일본 해상자위대)

5장

잠수함의 항법

창문이 없고 주변이 전혀 보이지 않는 잠수함은 빛이 닿지 않고 전파도 차단된다. 그렇다면 깊은 물속을 어떻게 항행할 수 있을까? 이번 장에서는 잠수함의 수중 항행과 수상 항행 기술을 알아본다.

5-01 수상 항주

함교에서 명령을 보내고 함내에서 조타한다

잠수함도 수상 항행을 할 때는 배의 한 종류에 들어가지만, 호위함이나 상선과 비교해 보면 상당히 다른 점이 있다. 호위함에서 운항을 맡는 곳은 함교(상선은 함선. 브리지라고도 함)다. 함교는 근사한 하우스 안에 있으며 좌현 쪽에 함장의 자리가 있다. 함교는 함장으로부터 조함을 맡은 당직사관이 근무하는 곳이기도 하다. 함교의 함수 및 함미의 선상, 다시 말해 정중앙의 가장 앞 창가에 자이로 리피터가 있으며, 이곳이 당직사관이 기본적으로 서 있는 위치다.

여기에서 시선을 위로 올리면 타각 지시기와 축의 회전수, 또는 가변 피치를 탑재한 배라면 날개각 지시기가 있다. 조함 명령에 따라 올바르게 대응하는지를 확인할 수 있다.

뒤에는 방향타와 엔진을 관제하는 장치가 있으며 해도가 있는 책상, 통신 기기, 비행갑판의 모습을 보기 위한 디스플레이 등 다양한 기기가 놓여 있다.

잠수함도 똑같이 함교라는 단어를 사용하지만, 세일의 함수 쪽에 네모 모양으로 구멍 난 공간이 있을 뿐이며 완전히 열려 있다. 수상 항주 중에는 기본적으로 초계장과 망을 보는 승조원이 배치되며 함장이 올라가더라도 특별한 자리가 준비된 것은 아니고, 우현 쪽의 세일 톱에

▲ 잠수함의 함교 (자료 협조 : 일본 해상자위대)

살짝 앉을 뿐이다.

함내 조타원은 바깥을 보지 않고 방향타를 잡는다

초계장이 서는 곳의 정면에는 자이로 리피터가 있으며, 그 오른쪽 아래에는 배를 운전하기 위해 21MC라고 부르는 통신 장치의 내압형 마이크 겸 스피커가 있다. 바로 옆에는 내압형 21MC용 프레스-투-토크 스위치가 있다. 21MC는 발령소의 조타원과 연결돼 있다. 초계장은 잠수함을 운전할 때 프레스-투-토크 스위치를 누르고 호흡을 가다듬은 뒤에 명령을 내린다. 호흡을 가다듬는 이유는 명령의 앞부분이 끊어져 들리지 않는 일을 방지하기 위해서다. 아무리 긴급한 상황이라고 하더라도 이를 지키지 않으면 오히려 혼란을 일으킬 수 있다.

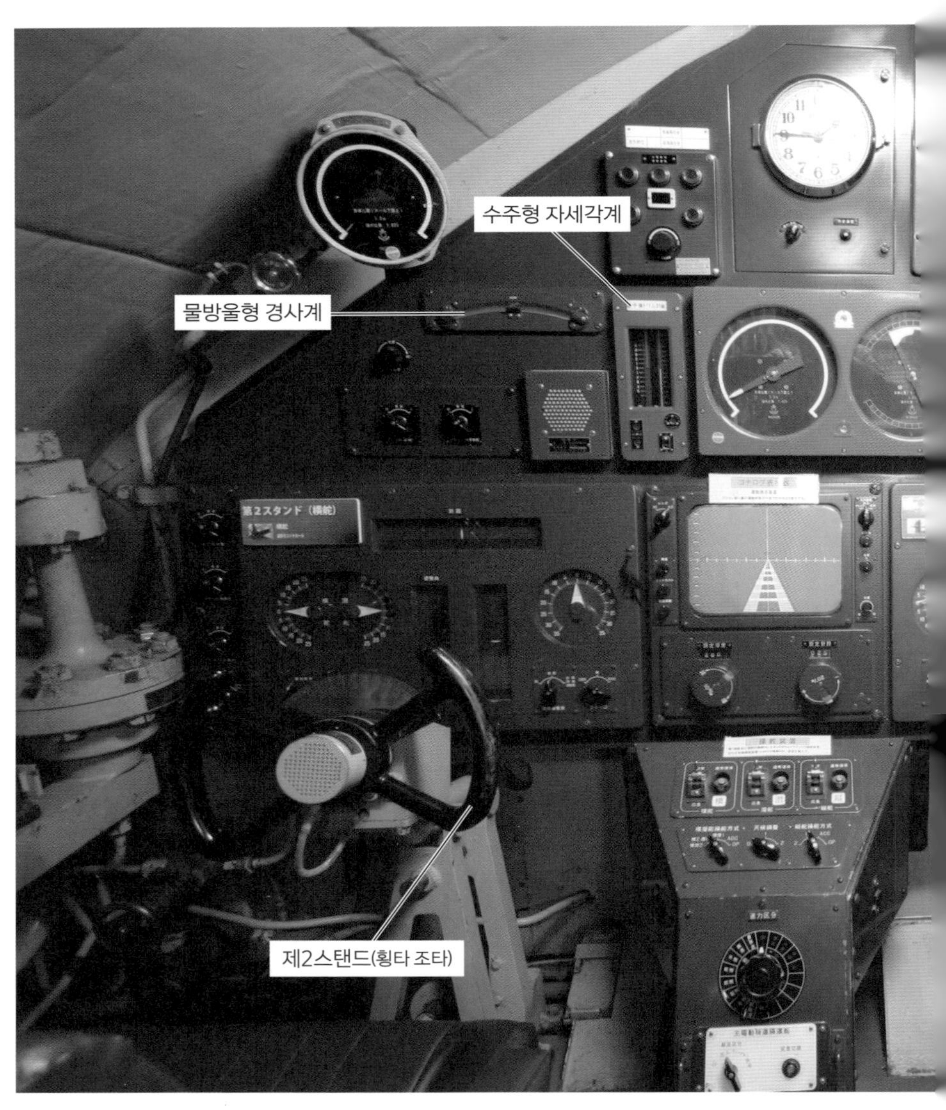

▲ '유시오급' 잠수함의 조이스틱 패널. 비행기의 조종간처럼 보이는 것이 조타 장치이며 검은색 손잡이 부분을 오른쪽으로 돌리면 종타가 오른쪽으로 움직인다. 안쪽으로 밀면 잠항타 또는 횡타가 아래 방향으로 향하며 몸쪽으로 당기면 위 방향으로 향한다. 일반적으로 오른쪽 좌석을 제1스탠드라고 부르며 종타와 잠항타를 조타하고, 왼쪽 좌석을 제2스탠드라고 부르며 횡타를 조타한다. 제1·2스탠드 앞에 있는 패널의 오른쪽에 있는 둥근 표시기가 바로 종타의 타각 지시기이며 왼쪽에 보이는 타원형이 잠항타(오른쪽)와 횡타(왼쪽)의 타각 지시기다. 그 사이에 있는

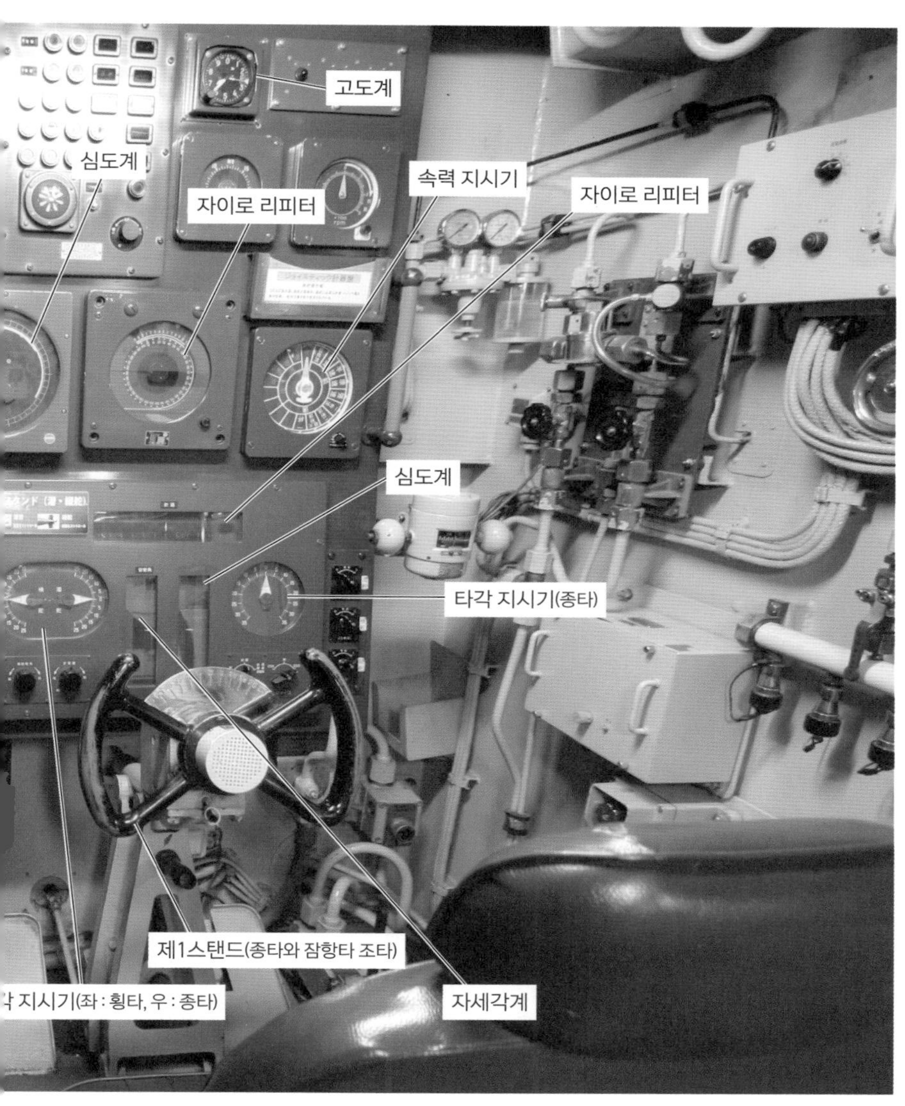

세로로 긴 표시기는 오른쪽이 심도계, 왼쪽이 자세각계다. 그 위에 있는 가로로 긴 표시기가 자이로 리피터(조타원이 조타할 때 주로 사용하는 부분만 확대한 것. 더 자세한 수치를 읽을 수 있음)다. 타각 지시기가 있는 패널 위에는 오른쪽부터 속력 지시기의 표시기, 자이로 리피터(360도를 볼 수 있는 것), 심도계가 있으며 그 왼쪽에는 수주형 자세각계가 있다. 살짝 호를 그리며 주황색으로 된 것이 물방울형 경사계이며 좌우 경사를 확인하려고 사용한다. (촬영 협조 : 일본 해상자위대 구레지방총감부)

잠수함의 함교 상태가 이러한 관계로, 초계장의 뒤에는 방향타를 잡는 조타원이 없다. 조타원은 함내에 있으며 바깥을 보지 않고, 눈앞의 자이로 리피터만 보고 방향타를 잡는다. 비행기의 조종간처럼 생긴 조타 장치의 정중앙에 있는 마이크 겸 스피커로 초계장과 소통한다.

함교 이야기로 돌아가자. 자이로 리피터의 왼쪽 아래에는 기적(汽笛) 레버가 있으며 초계장 왼쪽에는 함내의 주요 장소와 개별로 통화할 수 있는 함내 통신 장치의 내압 마이크 겸 스피커, 7MC가 있다. 또한 함내에 일제히 명령을 내릴 수 있는 프레스-투-토크 스위치 장치의 1MC, 7MC의 선택 스위치 및 프레스-투-토크 스위치가 조합된 장치가 탑재돼 있다.

이 장치는 통화하려는 주요 장소, 예를 들어 발령소, 함장실, 사관실, 운전실을 선택할 수 있는 스위치가 타원형으로 나열돼 있다. 이곳에는 따로 라이트가 달려 있지 않아서 초계장은 캄캄한 밤바다를 항해하는 중에도 정확히 통화처를 선택해야 한다. 초계장의 발아래에는 전후진의 발진과 정지가 표시된 램프가 달린 타각 지시기가 있다.

좁은 함교에서는 해도를 펼칠 수도 없다

수상함에서는 당직사관이 해도를 잠깐 살펴보고 위치를 확인하거나 항해 정보를 얻을 수 있다. 그러나 잠수함에서는 함교에 올라가 배를 운전하는 초계장이 해도를 잠깐 살펴보는 일을 할 수 없다. 해도를 두는 장소가 없으며 펼칠 공간도 없다.

발령소에는 초계장을 보좌하는 젊은 간부, 초계장부(哨戒長付)가 근무한다. 잠망경으로 관측 업무를 하면서 배의 위치를 입력하고(후술), '예정된 코스에서 얼마나 벗어났는지', '항정의 진행 상태가 어떠한지',

'얕은 여울이나 암석 등 항해할 때 위험한 요소가 있는지' 등 여러 정보를 초계장에게 전달한다.

앞서 '배의 위치를 입력'한다고 말했는데, 배의 위치를 아는 방법은 수상함과 다르지 않다. 육상 목표가 보이는 곳에서는 잠망경으로 확실하게 목표의 방위를 측정해서 해도 위에 선을 긋는다. 이를 3번 반복하면 해도 위에 작은 삼각형이 그려진다. 이 삼각형이 말 그대로 배의 위치(정확히 말하면 해당 내접원의 중심)다. 이를 교차방위법이라고 한다.

다만 육지가 보이지 않는 원양으로 나선 경우에는 전파항법을 따른다. 기존에는 로란A(1750~1950kHz), 로란C(100kHz)를 사용했으나 현재는 GPS로 위치를 확인한다. 이와 관련된 내용은 다음 챕터(115쪽)에서 살펴본다.

잠수함을 작은 배로 자주 착각하는 이유는?

수상 항주를 할 때는 잠수함의 특수한 선형 때문에 주의해야 할 점이 있다. 일반적인 배는 수면 위에 보이는 선체 모습으로 대략 어느 방향으로 나아가는지를 판단할 수 있다. 그러나 잠수함은 조용한 해상에서도 선체의 약 3분의 2가 수면 아래에 있고, 항주를 하면 파도가 선체 위로 올라오기 때문에 다른 배에서 보면 세일만 보이는 경우가 많다. 그래서 잠수함을 작은 배로 착각하기도 하며, 이 선체가 어느 방향으로 가는지를 판단하기 어려운 상황을 마주하기도 한다.

작은 배로 오인되는 상황을 피하려면, 잠수함은 수상 항주 중에 레이더 반사기를 탑재해서 '보이는 것과 달리 커다란 배'라는 사실을 다른 배가 알 수 있게 조치한다. 주의해야 할 또 다른 점은 야간 항해를 할 때 발생한다. 배가 야간 항해를 할 때는 법률에 따라 항해등을 점등한다. 원칙은 111쪽 그림과 같다. 그러나 잠수함은 항해등을 탑재할 수 없는 선형이므로 아래 사진처럼 세일에 마스트등을 설치하고 잠항타의 좌우 끝에 현등을 설치한다. 다른 배가 항해등만 보고 이를 잠수함으로 판단한다거나, 이 배가 어느 방향으로 가고 있는지를 판단하는 것은 상당히 어렵다. 게다가 갑판에는 상승식 함미등을 설치하는데, 설치하는 위치가 낮아서 작은 어선으로 오인하기 쉽다.

▲ 잠수함의 항해등. 소형 어선으로 착각하기 쉽다. (자료 : 일본 해상자위대)

상선의 항해등

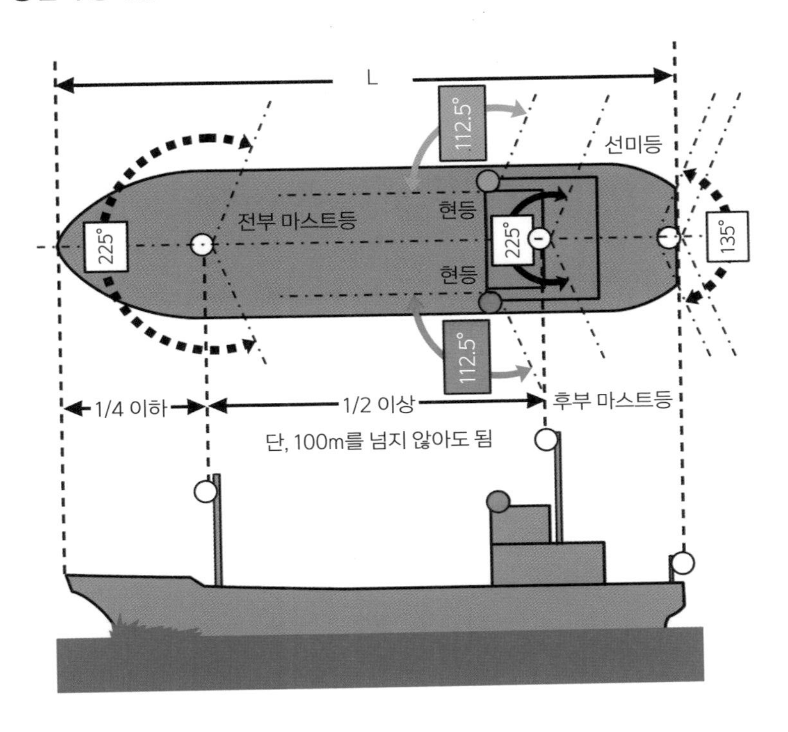

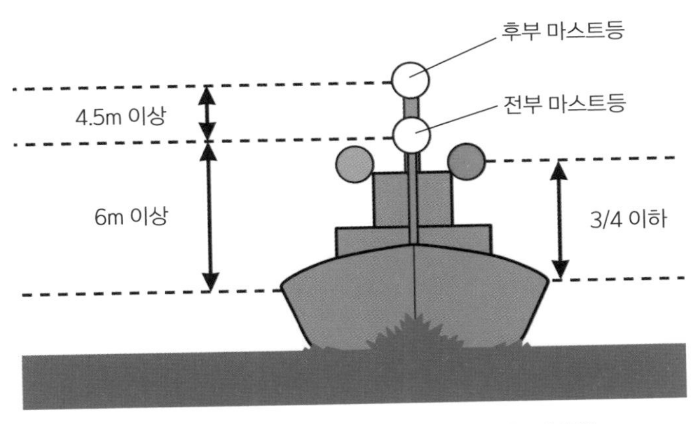

▲ 상선의 항해등은 설치 위치가 법률로 정해져 있다.(참고 : 〈해상충돌예방법〉)

5-02 수상 항주의 괴로움과 즐거움

개방된 함교는 매우 춥다

앞선 설명을 통해 알 수 있듯이 잠수함의 함교는 천장이 없는 개방된 공간이다. 비가 오는 날에 함교에서 근무하는 초계장과 망을 보는 승조원은 비를 피할 방법이 없다. 이들은 상하분리형 우의와 고무장화를 착용하고 함교에서 근무하는데, 우의 소매로 침투하는 비는 막을 수 없다. 우의 상의에는 후드가 달려 있으나 후드를 쓰면 후방 소리가 들리지 않으므로 후드는 쓰지 않는다. 또한 소매에 타월을 감아서 빗물의 침입을 방지하기 위해 노력한다. 그러나 효과는 일시적이라서 우의 안에 입은 작업복으로 빗물이 스며들고 만다.

맞은편에서 바람이 부는 날에는 빗방울이 튀기기 때문에 눈을 뜨는 일조차 어렵다. 게다가 목에 걸고 있는 쌍안경의 대물렌즈와 대안렌즈도 젖으므로 거즈로 열심히 닦아가면서 망을 본다.

체감 온도는 풍속이 1m/s가 늘어날 때 1도가 내려간다. 10노트로 항주한다면 초속은 약 5m/s이므로 바람이 불지 않는 상태에서도 5m/s의 바람을 맞는 것과 같다. 따라서 체감 온도는 5도가 내려간다. 한겨울에 풍속 10m/s의 북풍이 분다고 할 때, 북쪽을 향해 10노트의 속도로 수상 항주를 한다면 15m/s의 바람을 맞는 것과 같고, 체감 온도는 15도가 내려간다. 이런 상황에서는 입이 얼어서 제대로 된 명령을 내릴 수 없다.

잠수함은 구조상 '파도를 가르고 달리기'가 불가능하다. 함수는 파도 밑으로 파고드는 형태이며 해수는 전부(前部) 갑판의 위로 올라온다. 바다가 고요하다면 세일에 닿기 전에 뱃전에서 잠잠해진다. 그러나 바다가 거친 상태라면 해수는 세일에 부딪히며 물보라를 일으키고 함교에 도달한다. 비바람이 거칠 때는 푸른 파도가 함교 위를 덮치기도 한다. 정도가 심각할 때는 몸에 밧줄을 감아서 선체 어딘가에 묶어두지 않으면 바다에 휩쓸릴 것 같은 느낌이 들기도 한다.

▲ 수상을 고속 항행하는 '로스앤젤레스급' 원자력 잠수함. 바다가 조금만 더 거칠어지면 세일이 일으킨 흰 파도가 함교까지 닿는다. (자료 : 미국 해군)

별이 가득한 밤하늘을 감상할 수도 있다

고통스러운 순간만 있는 것은 아니다. 날씨가 좋은 여름밤에 수상 항주를 하면 머리 위로 빛나는 별을 수없이 볼 수 있다. 별들은 손을 뻗으면 잡을 수 있을 것처럼 가깝게 느껴지는 데다가 주변에는 이를 방해하는 불빛도 거의 없다. 소원을 빌 겨를이 없을 정도로 별똥별이 쏟아지기도 한다. 잠수함의 항적에는 야광충이 반짝인다. 원형으로 펼쳐지는 수평선 속에서 '오직 나만이 대자연의 훌륭한 광경을 느끼고 있다.'라는 사치를 누릴 수 있다.

▲ 별이 가득한 밤하늘 아래를 가르는 잠수함 (자료 : 미국 해군)

5-03 수중 행동

어떻게 자신의 위치를 알 수 있을까?

물속에서 행동할 때 문제가 되는 점은 바깥을 볼 수 없다는 것이다. 물론 잠망경을 꺼내 지상을 볼 수 있는 상황이라면 직접 앞서 말한 방법으로 위치를 확인하며 항행할 수 있지만, 극히 드문 편이다.

잠망경을 꺼낼 수 없을 만큼 깊이 잠수한 경우에는 침로와 속력을 통해 현재 위치를 알아내는 것이 기본 방침이다. 침로는 자이로컴퍼스, 속력은 로그함저관이라는 속력 측정 장치를 이용해 얻을 수 있다.

한 지점에서 일정 속력으로 일정 침로를 몇 시간 동안 항주했다고 할 때, 속력×시간으로 얻는 거리를 '어떤 지점'에 대입하고 이곳에서 침로 방향으로 선을 뻗으면 현재 함위(잠수함의 위치)가 나온다. 이렇게 산출된 함위는 외력이 더해지지 않은 결과이므로 추측한 함위, 즉 오차를 포함한 함위일 수밖에 없다. 그래서 함위를 자주 수정해야 하고, 잠망경을 꺼낼 수 있는 깊이에서 함위를 확인해야 한다.

기존에는 주국과 종국의 전파가 도달하는 시간 차이를 이용해 배의 위치를 나타내는 로란 방식이 주류였다. 원리는 로란국 2곳에서 전파를 수신해 각 국에서 얻은 쌍곡선의 위치선 교점을 구하는 것이다. 현재 GPS 보급의 여파로 미국에서는 운용을 종료했으며 일본에서도 로란국은 서서히 폐쇄됐다.

현재 주류 방법은 GPS다. 자동차 내비게이션에도 사용되므로 친숙하게 느낄 것이다. 이 방법은 탄도 미사일을 발사하는 잠수함이 미사일의 명중 정밀도를 올리려면 정확한 발사 위치를 파악해야 했기 때문에 만들어졌다. 미국이 전 지구를 감싸듯이 쏘아 올린 측위 위성 중에서 최소한 4기를 고르고, 그 위성에서 보내는 전파를 수신해 배의 위치를 파악하는 것이다. 위치만 파악해도 된다면 3기로 충분하지만, 정밀도를 올리기 위해서는 위성이 가진 시계와 수신기의 시계를 정확히 맞춰야 하므로 위성 4기가 필요하다고 한다. 참고로 중국은 미국에 대항해 베이더우 위성항법 시스템이라는 지역형 위성 측위 시스템을 정비했다.

잠수함용 관성항법장치란?

잠수함은 어떤 방법을 사용하든 간에 얕은 깊이에서 전파를 수신해야 한다. 그래서 개발된 것이 잠수함용 관성항법장치다. 가속도를 2번 적분하면 거리가 되는데, 잠수함이 받는 모든 가속도를 검출하고 이를 적분한다. 이 방식은 로그에서 얻는 속력을 바탕으로 한 함위보다 훨씬 정확한 함위 결과를 얻을 수 있다. 제트 여객기에 탑재한 관성항법장치의 잠수함 버전이다.

일본 잠수함은 느린 속력으로 물속을 이동하는 것이 원칙이다. 따라서 일본 잠수함의 속력에 관한 가속도 성분은 지구 자전의 가속도, 흐르는 바닷물의 가속도에 묻힐 수밖에 없다. 일본은 이러한 작은 가속도를 놓치지 않고 검출할 수 있는 가속도계를 만들었다. 그 덕분에 물속에서도 상당히 높은 정밀도의 함위를 얻으면서 안정적으로 움직일 수 있다. 그렇다고 해도 가끔은 GPS로 함위를 보정해야 한다.

▲ 해도가 펼쳐진 책상 왼쪽에 있는 레이더 리피터와 측심의. 사진 오른쪽 위에 있는 것이 레이더 리피터. 승조원이 직접 조작해 레이더 함위를 입력할 때 사용한다. 왼쪽 아래에 설명이 적힌 그림이 붙어 있는 것이 측심의다. 중앙의 기록지에 보이는 검은 선은 해저를 나타낸다.
(촬영 협조 : 일본 해상자위대 구레지방총감부)

◀ '오야시오급' 잠수함에 탑재된 잠수함용 관성항법장치 (자료 협조 : 일본 해상자위대)

잠수함의 수중 활동은 크게 2가지로 나뉜다. 잠망경을 수면에 꺼내 활동하는 경우 또는 계속 깊은 곳에서 활동하는 경우다. 잠망경을 수면에 꺼낼 수 있는 심도를 잠망경 심도라고 하는데, 이 심도에서 활동할 때 초계장은 항상 잠망경에 달라붙어 주변 전체를 계속 관측한다. 그러나 당직 시간 내내 혼자서 잠망경으로 모든 것을 계속 관측한다면 주의력이 산만해진다는 문제가 발생하므로 보통 초계장을 보좌하는 초계장부와 교대로 관측한다.

앞서 설명했듯이(2-2) 잠망경에 있는 접이식 좌우 핸들의 오른쪽 끝부분으로 배율, 왼쪽 끝부분으로 부앙각을 바꿀 수 있다. 잠망경으로 관측할 때는 이 핸들의 끝부분을 잡고 배율과 부앙각을 계속 조절한다. 일반적으로는 배율을 낮추고 시야를 넓혀서 관측을 지속하며, 눈으로 무언가 발견했을 때는 배율을 올려서 자세히 관측한다.

일몰 후에 함내가 붉은빛으로 물드는 이유

야간, 특히 달빛도 비추지 않는 캄캄한 밤에 잠망경으로 관측할 때는 사람 눈에서 일어나는 암반응이 문제가 된다. 암반응은 수상 항주를 할 때도 문제다. 갑자기 밝은 빛을 받은 눈은 동공이 빠르게 수축한다. 갑자기 어두운 곳으로 들어가더라도 동공은 빠르게 열리지 않고, 어둠에 천천히 익숙해지면서 열린다.

밝은 함내에 있는 함장이나 초계장이 갑자기 잠망경으로 어두운 외부를 관측할 경우, 눈은 어둠에 익숙해지지 않았기 때문에 아무것도 보이지 않는다. 이러한 상황을 피하기 위해서는 함내를 어둡게 해서 눈이 어둠에 익숙해질 필요가 있다. 그래서 잠수함은 일몰 후에 함내 조명을 적등으로 바꾼다. 붉은 조명 아래에서는 식욕이 달라진다는 말도 있다.

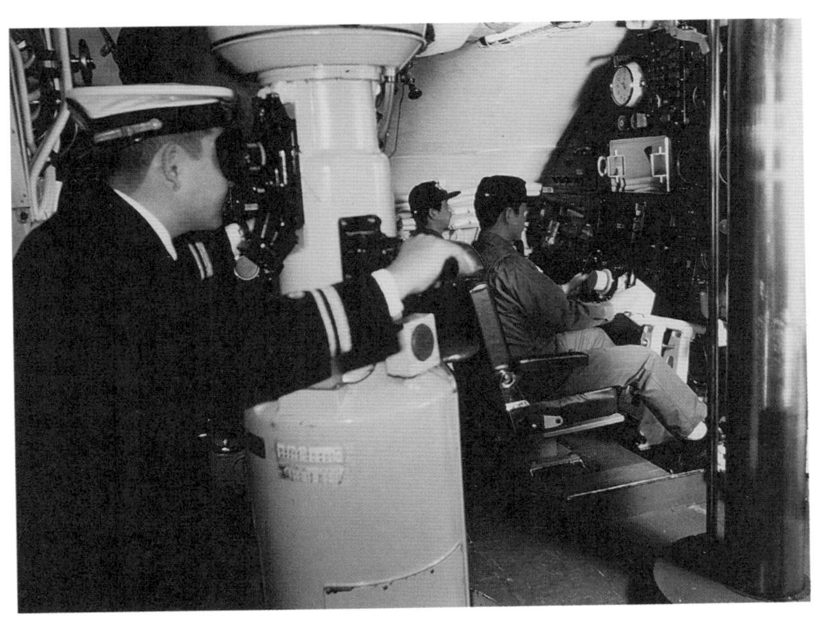

▲ 잠망경으로 계속 관측 중인 초계장 (자료 협조 : 일본 해상자위대)

▲ 잠수함 내부의 조명등. 일몰이 되면 오른쪽의 백등을 끄고 왼쪽의 적등을 켠다.
(촬영 협조 : 일본 해상자위대 구레지방총감부)

침강과 호버링

둘 다 세밀하게 조절한다

잠수함의 수중 활동 중에는 침강과 호버링이 있다. 여기서는 이 2가지 특별한 행동이 무엇인지 알아보도록 하겠다.

침강

침강이란 글자 그대로 잠수함이 해저에 가라앉는 것이다. 1939년 10월, 함장 귄터 프린(Günther Prien)은 독일의 잠수함을 이끌고 북대서양의 오크니 제도에 있는 영국 해군의 근거지, 스캐퍼플로에 침투했다. 이곳에서 U-47은 영국의 전함 '로열 오크'를 격침한다. 이때 귄터 프린 함장은 만 아래에 침강해 침투 기회를 기다렸다고 전해진다.

침강은 전술 행동의 하나이므로 침강을 한 뒤에는 해저에서 벗어나 다음 행동을 취해야 한다. 그래서 격한 침강으로 인해 선체가 손상되거나 해저에 갇혀서 벗어나지 못하면 위험해진다.

해저에 아슬아슬하게 닿을 깊이에 도달한 뒤에 추진기를 정지하고, 타력(惰力)으로 아주 느리게 움직이는 상태에서 트림 조절을 진행한다. 함내에서는 침강 중에도 승조원이 생활하고 기기를 계속 작동할 수 있게 여러 준비를 한다.

그리고 조절 탱크에 물을 살짝 넣어서 잠수함을 무겁게 만들어 착저

한다. 잠수함이 착저하고 난 뒤에는 바닷물의 흐름으로 잠수함이 도는 것을 막기 위해 추가로 물을 넣어서 잠수함을 안정화한다.

호버링

인간이 개발한 탈것 중에서 3차원 공간에 있는 점 하나의 위치에 정지할 수 있는 것은 헬리콥터, 틸트로터, 해리어 같은 수직이착륙기와 잠수함뿐이다. 3차원 공간의 어느 점 하나에 정지하는 것을 호버링이라고 말하는데, 헬리콥터의 호버링과 잠수함의 호버링에는 결정적인 차이가 있다.

헬리콥터를 비롯한 탈것으로 호버링을 할 때는 기체 중량에 맞는 상향 추진력을 얻기 위해서 엔진 출력을 최대한 올린다. 잠수함은 선체에 걸리는 부력과 선체 중량이 균형을 이루기만 하면 되고, 추진력은 관계가 없으므로 수중을 떠다니는 유목과 같은 상태가 된다. 잠수함 승조원이 호버링을 '죽은 척하기'라고 표현하는 이유이기도 하다.

액체 안의 물체는 그 액체 안의 부피에 액체 비중을 곱한 부력을 얻는다. 따라서 물체의 중량과 부력을 같게 만들기 위해서는 부력의 중요한 변수인 액체의 비중 변화를 항상 주의해야 한다. 그리고 바닷속에서는 해수 온도, 염분 농도에 따라서 해수 비중이 변화하므로 그 변화를 파악해 잠수함 중량을 조절해야 바다의 한 점에 머물 수 있다.

잠수함에서는 해수 비중의 변화를 소리 속력의 변화로 본다. 이렇게 하는 이유는 해수의 비중과 해수를 매질로 하는 소리의 빠르기에 상당한 상관관계가 있기 때문이다.

호버링은 해수의 비중과 깊이 사이의 관계에 신경을 쓴다

잠수함 호버링은 잠항 지휘관의 실력을 보여줄 기회다. 전술상의 요구든, 훈련상의 이유든 간에 잠항 중에 초계장이 갑자기 '정지' 명령을 내릴 때가 있다. 이때 잠항 지휘관은 바로 깊이와 소리의 빠르기를 기록하는 장치를 보고서 현재 깊이와 소리의 빠르기, 다시 말하면 깊이와 해수 비중의 관계를 확인한다.

만약에 깊이가 얕아질수록 비중이 낮다면 내심 '잘 풀렸다.'라고 생각할 수 있고, 반대로 깊어질수록 비중이 낮아지거나 비중 변화가 거의 없을 때는 '호버링을 하기가 쉽지 않겠다.'라고 생각한다.

'깊이가 얕아질수록 비중이 낮아진다.'라는 말은 '부력이 작아진다.'라는 뜻이므로 잠수함의 중량이 약간 가벼워져서 떠오른다고 하더라도 부력은 점점 작아지기에 특정 지점에서 평형을 유지할 수 있다. 반대로 중량이 살짝 무거워져서 가라앉는다고 하더라도 부력이 커지면서 마찬가지로 특정 지점에서 멈춘다.

그러나 '깊이가 얕아질수록 비중이 커지는 상황'이라면 잠수함은 떠오를수록 부력이 커지면서 점점 올라가고, 가라앉으면 그 깊이는 점점 더 내려간다. 이럴 때는 잠수함의 움직임을 읽고, 한 수 빠르게 주수와 배수 작업을 해야 한다.

또한 '정지' 명령이 내려지고 나서 잠수함이 멈출 때까지, 잠수함은 자동차와 달리 점진적으로 속력을 떨어뜨린다. 따라서 그사이에 잠수함 전체의 트림도 조절해야 한다. 전후 밸런스를 해수의 이동으로 인해 조절하기가 어렵다면, 승조원을 다른 구획으로 이동시켜 세밀하게 조절하기도 한다. 승조원이 잠함 지휘관을 놀리려고 일부러 다 같이 모여서 함내를 이동하며 트림 조절을 방해하는 장난을 칠 때도 있다.

빙해에서의 항행

액티브 소나로 얼음 상태를 파악한다

1958년 8월, 미국의 원자력 잠수함 '스케이트'는 북극해에서 처음으로 부상했다. 2002년에 제작된 할리우드 영화 〈K-19 위도우메이커〉에서도 K-19가 북극에서 부상해 승조원이 빙판에서 축구를 즐기는 장면이 나온다.

냉전기에 미국과 소련은 북극해에서의 작전 능력을 과시하듯이 북극 부상을 경쟁적으로 공표했다. 미국은 지금도 북극 부상을 계속 시도한다.

'로스앤젤레스급' 잠수함은 처음에 잠항타를 세일에 탑재했으나 나중에 함수로 옮겼다. 그 이유 중 하나는 얼음을 갈라서 부상할 때 잠수함이 피해를 입지 않게 하려는 조치로 알려져 있다.

원자력 잠수함이라고 하더라도 두꺼운 북극의 얼음을 가르고 부상할 수는 없다. 당연히 빙하가 깨진 부분이나 얇은 부분을 찾는다. 빙하와 해수의 비중 차이 때문에 바다에 떠오르는 빙하의 약 90%는 물속에 있는 데다가, 빙하 바닥은 평평하지 않다. 굴곡이 상당하므로 부딪히면 '타이타닉호'와 같은 운명을 맞이할 것이다.

그렇다면 잠수함은 어떻게 빙하 아래를 항행하고 부상할 위치를 찾는 것일까? 미국 잠수함은 높은 주파수의 액티브 소나를 탑재한다. 높은 주파수는 멀리 있는 것을 탐지할 수 없지만, 지향성이 높아서 물체 윤곽을 선명하게 나타낼 수 있다. 주파수가 높은 소리의 성격을 이용해 물속 빙하의 상황을 파악하고 얼음과의 충돌을 회피한다. 그리고 부상

할 수 있는 개빙 구역이나 얼음이 얇은 곳을 찾아서 부상한다. 이때 함수에 있는 소나 돔은 취약한 상태이므로 앞서 말한 세일의 끝부분에 있는 하드 포인트가 얼음에 닿도록 잠수함의 트림을 조절한다.

▲ 북극해의 빙원에서 부상한 미국 해군의 버지니아급 원자력 잠수함 '뉴멕시코'(자료 : 미국 해군)

▶ 북극곰의 방문을 맞이하는 미국 해군의 로스앤젤레스급 원자력 잠수함 '호놀룰루' (자료 : 미국 해군)

◀ 북극 빙원에 부상한 미국 해군의 로스앤젤레스급 원자력 잠수함 '햄프턴' (자료 : 미국 해군)

6장

잠수함과 소리

잠수함은 소리에 가장 의존하지만, 소리를 가장 싫어하기도 한다. 이번 장에서는 물속에서 소리의 성질이 어떤지 살펴본다. 적의 소리를 어떻게 탐지하는지, 반대로 적에게 소리를 들키지 않으려면 어떤 노력을 해야 하는지도 알아본다.

6-01 소리에 의존하는 잠수함

소리의 성질을 파악해 최대한 활용한다

잠수함의 강점은 은밀성이다. 존재가 노출된 잠수함은 너무나 취약하다. 그래서 잠수함은 목표를 탐색할 때 직접 전파나 소리를 내지 않고 눈으로 보거나 소리를 듣는다. 눈으로 볼 수 있는 거리는 눈높이의 제곱과 목표 마스트 높이의 제곱을 더한 값의 제곱근이다. 잠항 중인 잠수함이 수면 위에 꺼낼 수 있는 잠망경의 높이는 제한되므로 눈으로 볼 수 있는 거리도 한정적이다. 그래서 상대방의 소리를 듣는 것이 가장 중요하다.

대잠수함전에서 잠항 중인 잠수함을 탐색할 때 전파나 시야가 중요하지만, 한정된 역할만 수행할 수 있다. 전파는 물속에서 바로 감퇴하므로 레이더는 물속에 있는 잠수함을 탐지하지 못한다. 아주 투명한 해역에서도 빛이 물속에 닿는 범위는 그렇게 넓지 않으며 상공에서 인식하는 것도 잠수함 바로 위에 오지 않는 한 불가능한 일이다. 이러한 이유 때문에 소리가 핵심을 차지한다고 할 수 있다.

그러나 소리도 다루기 어려운 성질이 있다. 소리는 음속이 낮은 방향으로 휜다. 음속은 물의 밀도에 영향을 받고, 밀도는 해수 온도와 염분 농도 등에 따라 변하기도 한다. 게다가 해수의 밀도 변화는 일정하지 않다. 해표면의 온도가 높아지고 수심이 깊어질 때 온도가 낮아지는 경우도 있으며, 반대로 수심이 깊어질수록 온도가 높아지는 경우도 있다. 어느 지점까지는 온도가 내려가다가 특정 심도부터 높아지는 경우도

■ 물속에서 소리가 전달되는 방법

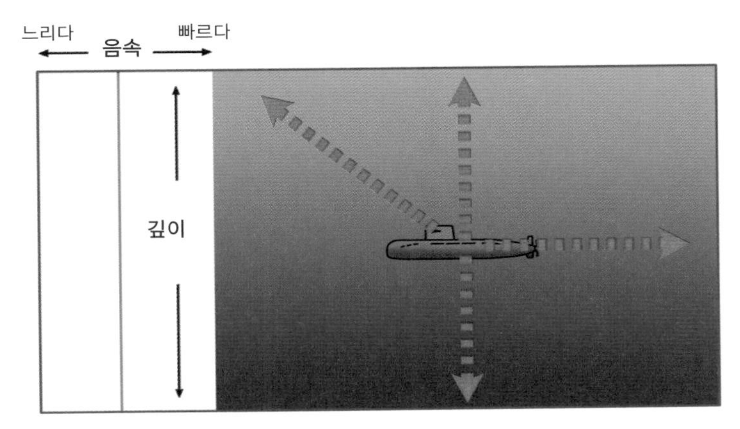

▲ 음속이 일정하면 소리는 직진한다.

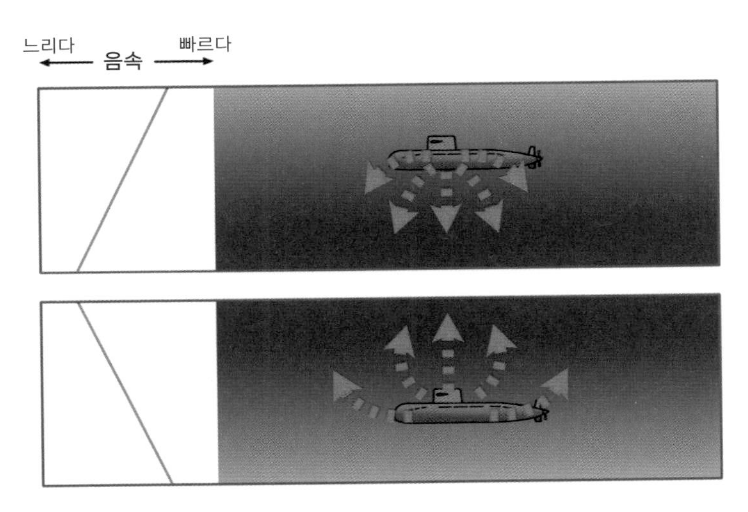

▲ 음속이 변화하면 소리는 음속이 느린 방향으로 휜다.

있다. 이러한 환경에 따라 소리가 전달되는 방식도 변한다. 소리가 멀리 닿기도 하며 거의 닿지 않기도 한다. 특정 깊이에서 불감대나 음영대(shadow zone)라고 불리는 소리가 닿지 않는 층이 나타날 수도 있다. 잠수함이 행동하고 작전을 실시할 때는 소리의 이러한 성격을 항상 염두에 두고, 이를 이용한다.

예를 들면 깊은 심도에서 잠망경을 꺼낼 수 있는 심도로 이동할 때는 소나를 사용해서 주변을 원형으로 탐색한다. 이때 물 위에 있는 배의 소리가 희미하게 들린다고 해서 그 배가 멀리 있는 목표라는 보장은 없다. 반대로 소리가 크게 들린다고 해서 가까이 있는 것도 아니다. 그래서 침로를 바꾸었을 때 변화가 있는지도 점검하며 신중하게 목표의 움직임을 확인한다. 목표를 공격하려고 음영대를 이용해 적에게 들키지 않고 접근하거나 적의 공격에서 벗어날 때도 소리의 성질을 이용한다.

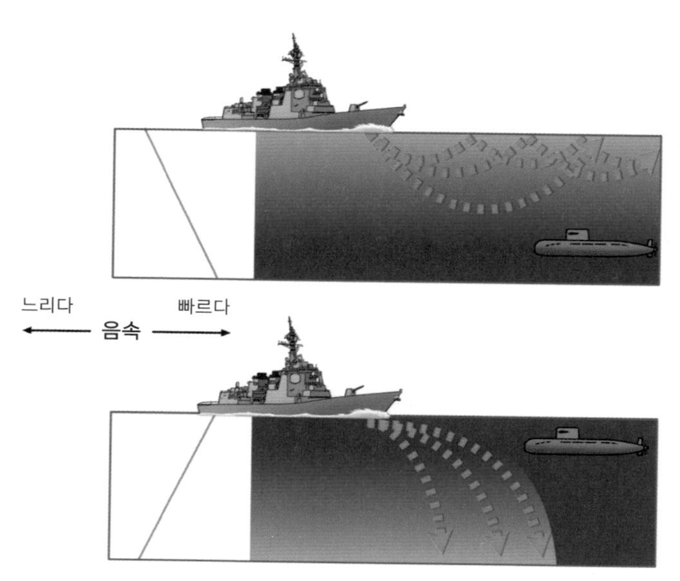

▲ 수상함이 잠수함을 탐지하려고 해도 소리가 닿지 않는 장소에 있으면 발견하기 어렵다.

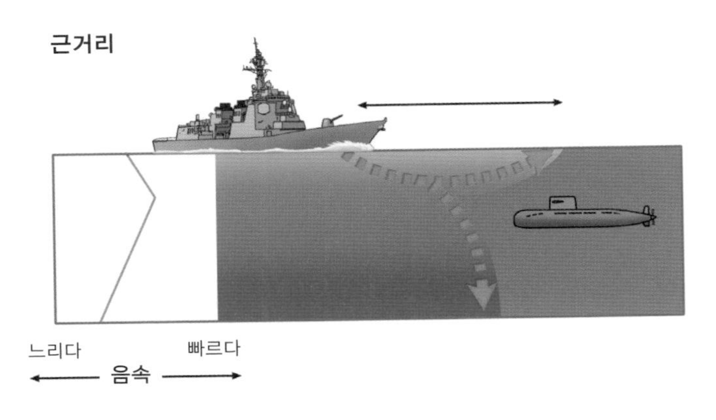

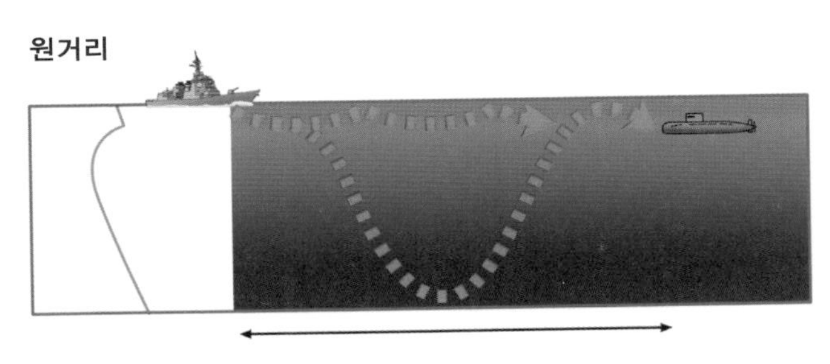

▲ 적에게 접근한다고 반드시 발견되는 것은 아니며 멀리 있다고 발견되지 않는 것도 아니다.

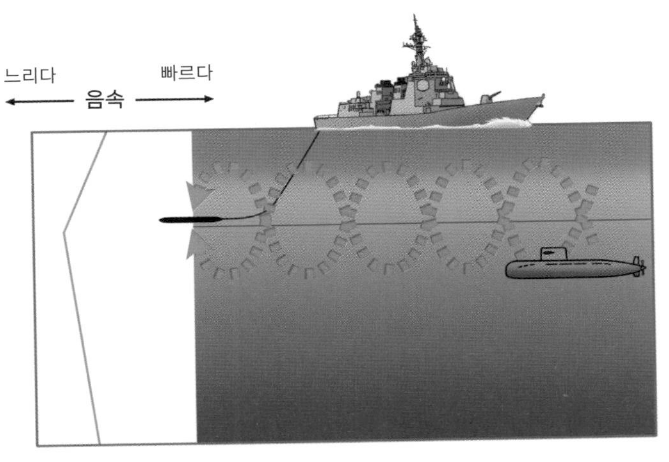

▲ 음속이 느린 곳에 소리가 수렴할 때도 있다.

수중에서의 소리 전파

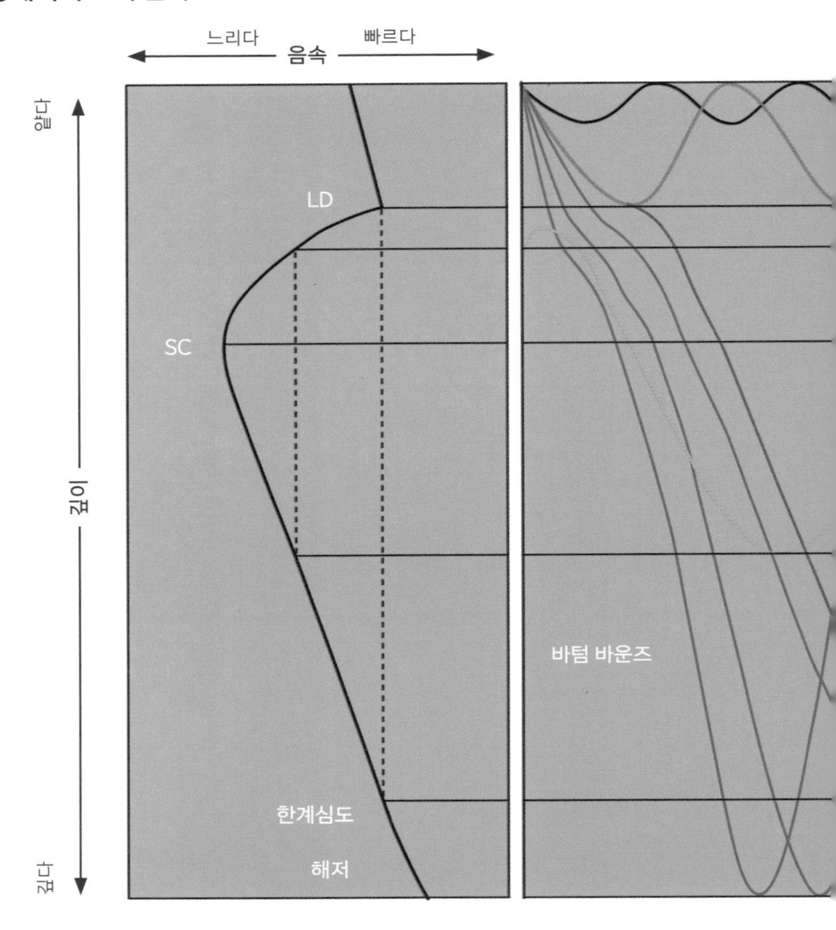

LD(레이어 딥스) : 바다나 호수 등에서 수온이 급격히 변화하는 층을 말한다. 이 층은 수온약층 또는 서모클라인(thermocline)이라고 부르기도 한다.

SC(사운드 채널) : 소리가 물속에서 전달되는 과정 중에 심도가 깊어짐에 따라 음속이 잠시 느려지다가 수압에 밀려서 다시 빨라지는 현상이다. 이 현상이 발생하면 음속이 가장 느려지는 심도를 축으로 음향 덕트가 형성되는 지점에서, 덕트 안의 소리가 멀리까지 닿는다.

한계심도 : 해면 부근에서 발생한 음파는 물속에서 전달되는 과정 중 심도가 깊어짐에 따라 음속이 느려지다가 수압에 밀려서 다시 빨라진다. 수면 부근의 음속과 깊은 심도의 음속이 동일해지는 심도를 한계심도라고 부르며, 이 지점부터 해저까지의 심도가 잉여심도다.

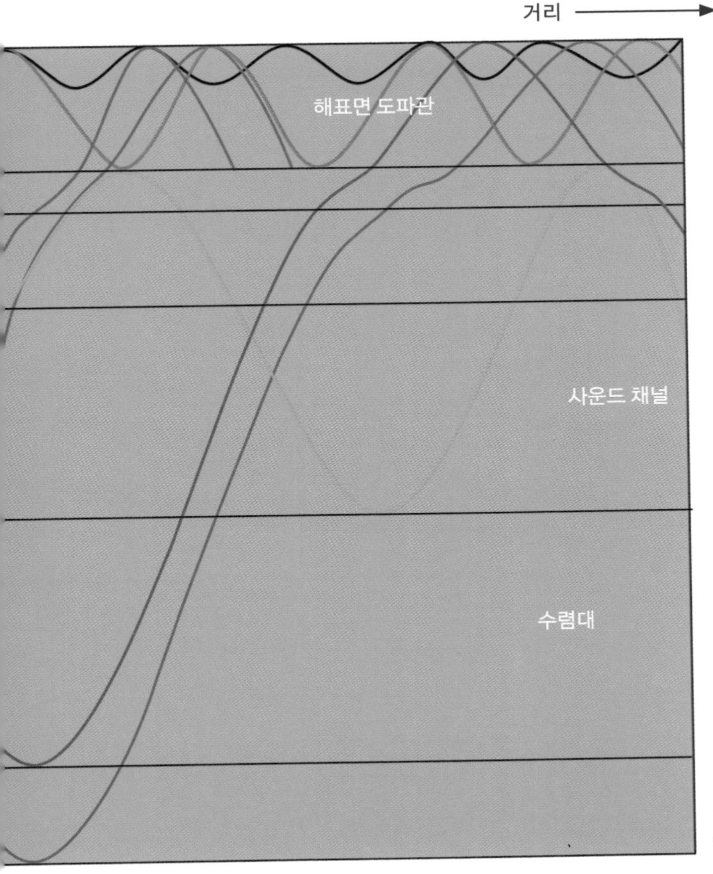

◀ 소리는 물속에서 다양한 방식으로 전달된다.

해표면 도파관(surface duct) : 해면과 LD 사이에서 소리가 반복적으로 반사되는 전달 현상을 뜻한다. 이 현상이 발생하면 소리는 멀리까지 닿는다.

바텀 바운즈 : 해저에 있는 자갈로 인해 소리가 쉽게 반사되는 해역에서 얕은 심도에서 발생한 소리가 해저에 반사되며 음원에서 멀리 떨어진 장소에 도착하는 현상을 말한다.

수렴대(convergence zone) : 얕은 심도에서 발생한 소리가 물속을 이동하는 과정에서 심도가 깊어짐에 따라 커지는 수압으로 인해 위로 밀리며 해면에 도착하는 현상. 이 현상이 발생하면 음원에서 멀리 떨어진 해역에 음파의 수렴대가 형성된다.

6-02 소나, TASS, 음문

수상함, 잠수함 모두 소리로 적을 찾는다

잠수함이 목표를 발견하는 방법에는 육안, 암시 장치, ESM, 레이더 등이 있지만 주요 방법은 소나다. 대잠수함 부대가 잠수함을 수색하는 방법으로는 육안, 레이더, ESM, MAD 등을 꼽을 수 있지만, 마찬가지로 소나가 중심이다. MAD는 Magnetic Anomaly Detection을 줄인 말로 자기 탐지기라는 뜻이다. 잠수함의 존재로 인해서 지구라는 커다란 자석의 자기장에 왜곡이 발생하는데, 이 왜곡을 탐지하는 장치가 MAD다.

잠수함과 대잠수함 부대 모두 소나를 주요한 탐색 수단으로 사용한다. 소나는 소리를 매개체로 하는 센서다. 소나는 제2차 세계대전 중에 U보트와 전투하던 영국이 개발했으며 당시에는 애스딕(ASDIC)이라고 불렀다.(이하 소나로 통일) 소나는 메아리처럼 발신된 소리가 잠수함에 닿은 뒤, 반사된 소리를 통해 잠수함을 발견한다. 이러한 방식을 액티브 소나라고 한다. 반면에 잠수함은 상대의 소나 발신음을 포함한 소리를 듣고, 탐지하려는 청음기가 발달했다. 이것을 두고 패시브 소나라고 부른다.

'잠수함보다 먼 곳에서 탐지해야 한다.'라는 요구 사항이 있어서 액티브 소나는 대출력화를 고려해 만들었다. 여기에 주파수도 낮게 설정됐다. 그러나 액티브 소나의 탐지를 막기 위한 소재인 방탐재가 개발되

▲ P3C 초계기의 MAD(자기 탐지기) (자료 : 일본 해상자위대)

▲ 대잠 헬리콥터 SH-60J의 MAD. 예인용 케이블을 전개해 예인과 함께 사용한다. (자료 : 일본 해상자위대)

고, 선체 모양도 변화하는 등 액티브 소나로 잠수함을 발견하는 것이 어려워졌다.

이 때문에 수상함도 패시브 소나를 사용해 대잠수함전에 초점을 맞춘다. 이때 주목을 받은 것이 저주파 대역의 소리였다. 앞서 말한 것처럼 저주파 소리는 멀리까지 닿을 수 있다. 음원에서 멀리 떨어진 곳에 출현하는 수렴대에 닿는 소리도 저주파 대역의 소리다.

이 소리를 탐지하기 위해서 예인 음탐기 체계(Towed Array Sonar System)가 개발됐다. 앞글자를 따서 TASS(타스)라고 부른다. 함정(수상함이나 잠수함 등)에서 수백 수천 미터의 예인 케이블을 풀고, 그 끝에 달린 하이드로폰이라는 청음 장치를 이용해 탐지한다. 이렇게 하면 TASS를 사용 중인 함정의 소리에 방해를 받지 않고 목표를 탐지할 수 있다.

함선을 특정할 수 있는 '음문'

음문(音紋)이라는 말을 들어봤는지 모르겠다. 우리가 내는 목소리와 기계가 내는 소리를 모두 정상음(定常音)이라고 부르며, 여기에는 다양한 주파수 소리가 모여 있다. 이는 반송파(搬送波)라는 파동을 타고 전달된다. 수신한 소리를 하나하나 분해하는 작업을 분석이라고 말한다. 분석 작업을 하면 특정 기계에서 나오는 정상파에서 특히 강하게 나오는 특정 주파수가 무엇인지 파악할 수 있다.

이는 지문처럼 기계 또는 사람에게 있는 고유한 특징이라서 음문이라고 부른다. 따라서 이 분석 결과를 사전에 수집한 데이터, 즉 카탈로그 데이터와 비교하면 '이 소리의 정체'를 알 수 있다. 그렇기에 잠수함과 대잠부대 모두 '카탈로그 데이터를 얼마나 축적할 수 있는가'가 매우 중요해졌다.

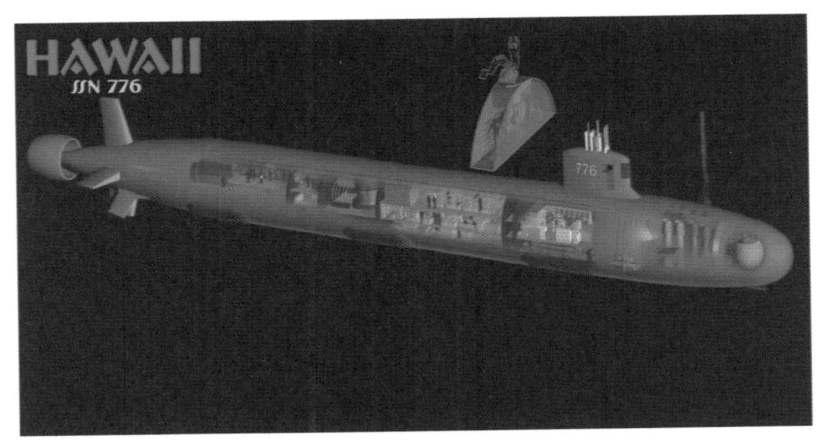

▲ '버지니아급' 원자력 잠수함의 개요도. 함수에 보이는 둥근 것이 소나 돔이다. 구체로 만들면 탐지한 목표가 '위와 아래 중 어디에 있는지'도 판단할 수 있다.
(자료 협조 : 주일 미국 해군 사령부 홍보부)

▲ 미국 해군의 '버지니아급' 원자력 잠수함의 소나실 (자료 협조 : 주일 미국 해군 사령부 홍보부)

2009년에 미국 해군의 '임페커블'이라는 배가 중국 함선에 방해받은 사건이 있었다. 이를 들어본 사람도 많을 것이다. 임페커블은 음향 데이터 수집이 임무인 배였다. 일본은 '하리마'와 '히비키', 2척이 음향 데이터 수집에 힘쓰고 있다.

▲ 미국 해군의 음향 측정함 임페커블. 패시브 소나와 액티브 소나를 사용해 잠수함의 음문을 수집한다. (자료 : 미국 해군)

◀ 2009년 3월, 남중국해에서 중국 선박 2척이 임페커블의 전방에 멈추고 긴급히 정지할 것을 요구했다. (자료 : 미국 해군)

▲ 일본 구레항에 정박한 일본 해상자위대의 음향 측정함 히비키

▲ 히비키는 함미 중앙에서 예인 케이블을 사용해 음향 수신부를 꺼낸다.

잠수함은 소리가 싫다

잡음 줄이기는 철저하게

잠수함 전투는 어떻게 보면 소리를 이용한 전투라는 사실을 조금 전의 설명으로 깨달았을 것이다. 따라서 잠수함은 소리가 나는 것을 극도로 싫어한다.

잠수함을 구경하러 가본 적이 있다면 그때 승조원이 제복이나 작업복을 착용하고 구두를 신은 모습을 봤을 것이다. 실제로 출항하면 걸을 때 소리가 덜 나는 운동화로 갈아 신고, 함내 바닥에도 방음용 매트를 깐다. 함장실이나 사관의 개인실 문은 보통 개방해서 고정한 상태로 둔다. 문이 튕겨서 '쾅' 닫히면 그 소리를 적에게 들킬 수 있기 때문이다. 문뿐만 아니라 모든 물건을 잠수함이 움직여도 소리가 나지 않도록 고정해 둔다.

무엇보다도 탑재한 기기에서 소리가 나지 않게 하는 것이 가장 중요하다. '움직이는 것은 반드시 소리를 낸다.'라는 사실을 알아둘 필요가 있다. 예를 들면 전동기와 펌프가 돌아가는 소리, 방향타나 잠망경을 움직일 때 작동유가 유압 계통에 흐르는 소리 등이 있다. 잠수함은 움직이면서 다양한 소리를 낸다. 이 소리가 탐지되지 않도록 크게 2가지 방법을 사용한다.

하나는 기기 자체가 소리를 내지 않도록 하는 방안이다. 최근 많아진

저소음 가전제품을 떠올려보자. 잠수함용 기기들도 마찬가지로 관계 기업의 노력으로 저소음화(잠수함에서는 잡음 저감이라고 말함)를 진행했다. 현재 잡음을 더 줄이기 위해서 예산을 더욱더 많이 투입해야 한다는 이야기까지 나왔다.

그래서 발상을 전환했다. '기기가 내는 잡음을 0으로 만들 수 없다면 소리가 물속에 전달되지 않도록 하면 된다.'라는 생각이다. 잠수함에 기기를 탑재할 때 음향을 전부 차단하는 방안을 연구하고 있다.

잠수함을 운용하는 존재, 다시 말해 승조원도 소리를 내지 않으려고 노력한다. 앞서 소개했듯이 운동화를 신기도 하지만 잠수함에는 무음잠항이라는 독특한 부서가 있다. 잠수함에 탑재하는 기기를 작전에 필요한 기기와 생활 유지에 필요한 기기로 나누고, 전술 상황에 따라 중요도가 낮은 것부터 가동을 중지한다. '잠수함은 정박할 때 쥐 죽은 듯이 조용하다.'라는 우스갯소리도 나오는데, 기기의 작동을 멈추면 소리는 나지 않는다. 아주 긴급한 상황이라면 식료품을 보존하는 냉장고나 냉동고의 작동을 멈추기도 한다.

◀ '오야시오급' 잠수함의 냉장고. 무음잠항을 하면 냉장고 작동도 멈춘다. 내부 온도가 올라가지 않도록 문 열기를 금지한다. (자료 협조 : 일본 해상자위대)

7장

잠수함의 전투

이번 장에서는 잠수함에 탑재되는 대표적인 무기인 어뢰를 알아보며 어뢰의 습격 순서, 발사 방법, 대함 미사일과 기뢰의 운용 방법 등을 설명한다. 또한 화재나 침수 대책, 긴급 시의 부상 방법, 대잠초계기로부터 회피하는 방법도 정리한다.

잠수함의 통신

원칙은 수신만 하는 것이다

잠수함의 전투는 목표를 발견하는 순간에 시작되는 것이 아니다. 그보다 훨씬 전, 출항을 앞두고 정박하는 기간 중에 작전 명령을 받은 순간부터 시작된다고 보면 된다. 명령은 보통 문서 형식으로 받는다.

함장은 이 명령을 바탕으로 작전 계획을 세우고 출항한다. 그러나 명령과 함께 받은 정보만으로는 작전에 성공할 수 없다. 정세는 시시각각 변한다. 잠수함이 정보를 수집할 수 있는 범위를 벗어난 목표의 동향을 파악할 수 있다면, 함장은 여유가 있을 때 잠수함을 공격에 유리한 위치에 둘 수 있다. 따라서 지상에 있는 상급 사령부의 정보 지원이 필요하다.

상급 사령부도 잠수함이 출항한 뒤에 상황이 바뀌었다면 새로운 명령을 잠수함에 전달해야 한다. 마찬가지로 잠수함도 사령부에게 반드시 보고해야 할 상황이 생길 수 있다.

상급 사령부가 새로운 명령이나 지시를 해상에 있는 잠수함에 어떻게 전달하고, 잠수함이 상급 사령부에 어떻게 보고하는지는 이야기하기 어려운 주제지만 조금 다뤄보겠다.

지상에 있는 사령부와 해상에 있는 군함이 어떻게 통신할 것인지는 예전부터 있던 문제였다. 범선 시대에는 현재와 같은 무선 통신이 없었

▲ 잠수함이 탑재하는 각종 통신 안테나 (자료 : 일본 해상자위대)

기에, 작고 속력이 빠른 범선이 명령서를 가지고 넓은 바다를 돌며 군함을 찾은 뒤 이를 전달했다. 따라서 전선에 있는 군함에 새로운 명령과 정보가 도착하기까지 많은 시간이 걸렸다.

1895년, 이탈리아인 굴리엘모 마르코니(Guglielmo Marconi)가 무선 통신을 발명하면서 그동안 넘지 못했던 거대한 시간의 '벽'을 뛰어넘었다. '타이타닉호'의 조난도 무선 통신으로 보낸 조난 신호 덕분에 세상에 알려졌다.

일본 해군은 1900년부터 무선 통신기를 발명했는데 1905년 쓰시마 해전에서 구축함 이상의 군함에 무선 통신기를 탑재했다. 1905년 5월 27일, 러시아 제2태평양함대(발트 함대)를 발견한 가장 순양함 '시나노 마루'는 '적 제2함대 발견'이라는 보고를 무선 통신으로 발신했다.

독일의 잠수함 부대는 단파를 잘 활용한다

잠수함 전투에서 무선 통신을 효과적으로 사용한 사례는 제2차 세계대전 중의 독일에서 확인할 수 있다. 독일 잠수함 부대의 지휘관 카를 되니츠(Karl Dönitz)는 U보트의 이리 떼 전술로 공격했다. 연합국의 상선을 발견한 U보트는 바로 공격하지 않고 목표를 발견했다는 보고를 타진했다. 보고를 받은 되니츠는 그 근처에 있는 U보트에 목표의 정보를 전달한 뒤에 U보트를 모아서 공격을 감행했다. 이때 보고에 사용된 수단이 단파(HF)다.

연합국은 이리 떼 전술에 대항하기 위해 HF-DF(High Frequency-Direction Finder)라는 장치를 사용했다. 단파는 멀리까지 닿는 성질이 있으며 전파는 원형으로 퍼지며 송신된다. 따라서 주파수를 세밀하게 분석하면 탐지할 수 있다. 연합군이 개발한 HF-DF는 단파가 어느 방

▲ 가장 순양함 시나노마루. 가장 순양함은 상선을 개조해 무장한 군함을 말한다. 보조 순양함, 특설 순양함이라고 부르기도 한다. 러일 전쟁 중 쓰시마 해전에서 러시아 해군의 발트 함대를 발견해 무선 통신을 했다. (자료 협조 : 일본 우정박물관)

▲ 시나노마루에 탑재한 36식 무선 전신기. 쓰시마 해전 당시에는 구축함 이상의 군함에 탑재했다. (자료 협조 : 일본 우정박물관)

향에서 오는지를 알 수 있는 장치다. 그전에는 단파가 나온다는 사실은 알아도 어느 방향에서 오는지는 알 수 없었다. 방향을 알면 3곳에서 측정해 발신원을 알아낼 수 있다. 거의 직각으로 엇갈리면 2곳의 방위만으로도 알아낼 수 있지만, 예각이나 둔각일 경우에는 정밀도가 낮아진다. 그래서 3곳의 방위를 측정하는 것이 원칙이다.

탐지를 회피하기 위해서는 거리가 최대한 가까우면서도 어느 정도 방향성을 지닌 전파가 필요하다. 이를 반영해 등장한 것이 초단파(VHF), 극단파(UHF)를 사용한 통신이다. VHF와 UHF는 통화 교신에 사용하는 것이 원칙이다. 현재는 필요에 따라 위성 통신에도 사용한다.

그래도 원거리 통신에는 단파를 사용한다. 이 경우에는 상대가 방위를 측정하지 못할 만큼 송신 시간을 짧게 하려고 통신문을 압축하며, 단파 마스트를 올려서 송신한다.

잠수함은 직접 소리를 내는 것을 싫어한다고 말했는데, 마찬가지로 전파를 퍼뜨리는 것도 싫어한다. 통신은 방송을 통해 일방적으로 보내고, 잠수함은 이를 수신만 하는 것이 원칙이다. 수신할 때 안테나를 올리지 않아도 되도록 일정 깊이까지 닿는 초장파(VLF)를 사용한다.

미국 해군은 대통령의 명령을 탄도 미사일 탑재 원자력 잠수함에 전달하기 위해 TACAMO(Take Charge and Move Over)라는 항공기 VLF 방송을 보낸다.

일본에서도 잠수함을 대상으로 방송용 VLF 송신소를 운용한다. 일본방위청(당시)은 '쇼와 58년(1983년)부터 쇼와 62년(1987년)까지를 대상으로 하는 중기업무견적'에서 '초장파 송신소 등의 정비 추진'을 결정했고, 미야기현 에비노시에 VLF 송신소를 건설해 1993년에 완성했다. 이것이 에비노 송신소이며 잠수함용 송신을 담당한다.

▲ TACAMO라고 불리는 보잉 E-6 머큐리. 초장파를 사용해 잠수함에 송신하는 항공기다. (자료 : 미국 해군)

초장파 송신소 개념도

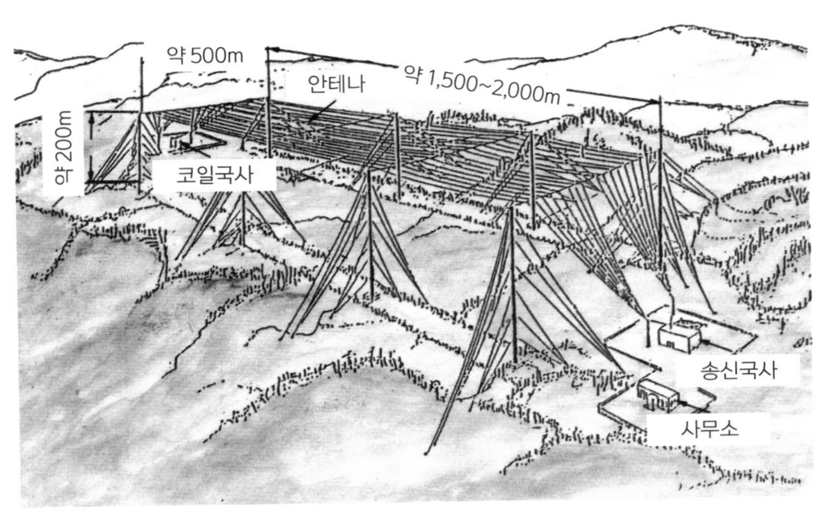

▲ VLF 송신소의 개념도. 일본에서는 에비노 송신소(미야기현 에비노시)가 유일한 VLF 송신소다. (도판 협조 : 일본 해상자위대)

7-02 어뢰

호밍 방식은 전환이 가능하다

잠수함의 발사관에서 어뢰를 발사한 시기는 1886년으로 알려져 있으며, 역사가 의외로 깊다. 현대의 발사관 직경은 일부 예외를 빼면 533mm를 세계 표준으로 삼는다. 이 발사관에서 발사되는 어뢰는 현재 2종류가 있다. 2종류뿐이지만 어뢰의 어느 부분에 초점을 맞추느냐에 따라서 다양하게 나뉜다.

발사 방식으로 나누면 수압 발사를 하는 어뢰와 자주 추진하는 어뢰가 있다. 수압 발사는 발사 신호를 받으면 발사관과 세트로 탑재된 수압통(커다란 물대포 장치)에 고압 공기를 넣는다. 고압 공기가 피스톤을 작동시켜서 수압을 만들고, 그 수압이 발사관으로 향해 어뢰를 밀어내는 방식이다. 자주 추진은 말 그대로 어뢰의 발사 신호를 받으면 어뢰의 모터가 기동해서 발사관 안에 있는 스크루를 회전시키고, 이를 통해 어뢰가 발사관에서 날아가는 방식이다. 자주 추진을 영어로 swim out이라고 말하는데, 발사 과정을 잘 표현한 말이라고 생각한다.

직진 어뢰와 유도 어뢰로 나누는 방법도 있다. 직진 어뢰는 말 그대로 명령이 내려진 곳을 향해 일직선으로 날아가는 어뢰다. 유도 어뢰는 쉽게 말하면 목표가 도망가더라도 쫓아가는 어뢰다. 유도 어뢰의 기본은 호밍 어뢰다. 호밍 어뢰는 어뢰 끝부분에 탑재된 소형 소나에서 발신한 소리가 목표에 닿고 되돌아오는 소리를 쫓아가는 액티브 방식, 목표가 내는 소리를 듣고 쫓아가는 패시브 방식이 있다. 물속에서는 전파와 적외선을 사용할 수 없다. 의지할 수 있는 것은 소리뿐이다.

그렇다고 해서 액티브 방식과 패시브 방식을 따로 나누지는 않는다. 한 어뢰에 두 성능이 있고, 전술 상황에 따라 액티브와 패시브를 선택해 발사한다. 두 방식을 합쳐서 발사하는 것도 가능하다.

'적의 함선에 피해를 주는 방법'을 기준으로도 나눌 수 있다. 현재 어뢰는 버블 제트 효과를 이용해 적의 함선을 격침하는 어뢰와 먼로 효과를 이용해 격침하는(격침보다는 무력화에 가깝다.) 어뢰가 있다.

◀ 미국 해군의 원자력 잠수함 안에 있는 발사관실에 격납된 어뢰와 미사일 (자료 : 미국 해군)

▲ 수상함의 3연장 어뢰발사관에서 발사되는 어뢰 (자료 : 미국 해군)

7-03 어뢰는 어떻게 함내로 들여올까?

전용 입구, 어뢰 탑재구를 이용한다

여기서 퀴즈를 하나 내겠다. 잠수함은 어뢰를 어떻게 함내로 들여올까? 어뢰 길이는 약 6m다. 잠수함에는 함내로 출입하기 위한 출입구가 있으며 일본 잠수함은 전부, 중부, 후부까지 총 3곳이 있다. 출입구는 사람 한 명이 수직으로 드나들 수 있는 크기에 불과하다. 그러므로 길이가 약 6m, 직경이 533mm인 어뢰를 넣는다고 하더라도 이를 함내에서 수평으로 둘 여유 공간이 없다.

보통 전부나 중부의 출입구에 어뢰 탑재구라는 특별한 출입구가 있다. 평소에 개폐하지 않는 탑재구에는 잠수함이 잠수하는 깊이의 압력을 버틸 수 있는 덮개로 덮여 있다. 탑재구는 어뢰를 함내로 옮기기 위해서 특정 각도로 조절해 설치한다.

어뢰를 탑재할 때는 상갑판에 탑재 가대를 설치한다. 그리고 어뢰를 격납하는 함내의 구획 바닥 중 일부는 유압으로 어뢰를 탑재하거나 이동시킬 수 있는 구조다. 이 바닥의 한쪽 끝을 올려서 경사를 만든다. 이때 상갑판의 탑재 가대와 탑재구 및 함내 바닥의 경사가 같아지며 어뢰를 위한 미끄럼틀이 된다.

어뢰는 탑재 가대, 탑재구, 함내 바닥으로 만들어진 미끄럼틀 위를 타고 내려온다. 물론 어뢰 무게가 2톤 가까이 되므로 미끄럼틀을 타는 어뢰를 로프 또는 와이어로 제어하면서 천천히 내려오게 한다. 함내에 들어오면 경사로 만들었던 바닥을 수평으로 되돌리고, 격납할 예정인 스키드라고 부르는 가대의 높이까지 끌어올린 뒤에 옆으로 이동시켜서 격납한다. 단어뢰라고 부르는 작은 어뢰를 비롯해 미사일과 기뢰도 이와 마찬가지로 작업한다.

◀ 어뢰를 잠수함에 탑재하는 모습
(자료 : 미국 해군)

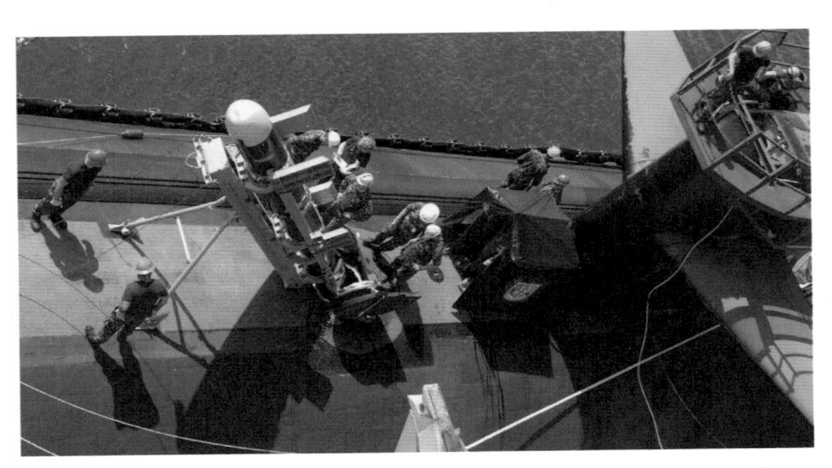

▲ Mk48 ADCAP의 탑재 작업을 진행하는 미국 해군의 원자력 잠수함 '오클라호마시티'
(자료 : 미국 해군)

▲ '유시오급' 잠수함의 어뢰 탑재구 (촬영 협조 : 일본 해상자위대 구레지방총감부)

▲ '오야시오급' 잠수함의 발사관실. 중앙의 은색 바닥은 어뢰를 탑재할 때 미끄러져 내려오는 가대가 된다. 은색 상판을 벗기고 굴림대를 일으킨 뒤에 유압으로 경사를 만들어서 어뢰를 받는다. 그 이후에 다시 수평으로 만들어서 필요한 가대에 어뢰를 나눈다. 빈 어뢰의 격납 가대에는 예비 침대가 놓여 있으며 잠수함 교육 훈련대를 마친 실습원이 승함할 때 사용한다. 당연히 어뢰를 가득 실을 때는 철거한다. (자료 협조 : 일본 해상자위대)

▲ 격납된 어뢰 (자료 협조 : 일본 해상자위대)

◀ 미국 해군의 원자력 잠수함 '헨리 M. 잭슨'에서 발사관 점검을 진행하는 승조원. 위는 후문이 열려 있는 상태이며 아래는 닫혀 있는 상태다. (자료 : 미국 해군)

7-04 습격

습격에서 가장 중요한 것은?

신기하게도 일본에서는 잠수함이 적의 함선을 공격하는 것을 예전부터 습격이라고 말했다. 현재 일본의 해상자위대에서도 변함없이 이 용어를 사용한다. 습격의 전통적인 무기는 어뢰였다. 그래서 어뢰를 사용하는 습격을 살펴보겠다. 대함 미사일을 사용하는 습격은 어뢰를 이용한 습격의 응용에 불과하다.

습격의 기본은 벡터 삼각형의 해법에 있다. 표적의 현재 위치에 어뢰를 발사한다고 해도 명중하지 않는다. 표적은 '일정 침로'를 '일정 속력'으로 이동하기 때문에 어뢰가 표적의 위치에 도달할 때는 표적이 이미 그곳에 없다.

잠수함은 일정 침로를 일정 속력으로 이동하는 표적과 일정 침로를 일정 속력으로 날아가는 어뢰가 만나는 미래 위치로 어뢰를 발사한다. 이 위치를 발견하는 것이 벡터 삼각형의 해법이다.

그림으로 살펴보겠다. 습격할 때는 표적의 현재 위치, 자함에서 본 표적의 방위와 거리 · 침로 · 속력을 아는 것이 가장 중요하다. 이를 위한 작업이 표적기동분석(TMA, Target Motion Analysis)이다. 습격은 표적기동분석을 어떻게 하느냐에 따라 잠망경 습격과 청음 습격으로 나뉜다.(7-5, 7-6 참고)

습격 단계는 접적, 공격, 회피의 3단계로 살펴볼 수 있다. 접적은 표적을 발견한 뒤에 어뢰를 발사하기 가장 좋은 위치로 이동하는 단계다. 이 단계에서는 적에게 먼저 발각되지 않기 위해 다양한 노력을 기울이며 이동한다.

예를 들어 표적의 위치를 정확히 알기 위해서는 레이더를 사용하는 편이 좋다. 그러나 적의 함정에 고성능 ESM이 있다면 쉽게 발각된다. 게다가 이후에도 설명하겠지만 잠망경으로 표적을 관측할 때도 잠망경이 계속 수면 위에 나와 있으면 적의 레이더에 포착되고 만다.

접적하며 표적의 움직임을 분석하고, 사점(射点)에 도착하면 어뢰를 발사한다. 최적의 발사점에 도착해 어뢰를 발사했다면 남은 것은 '36계 줄행랑'뿐이다. 이 경우에도 전술 상황을 고려해 도망치는 방향과 빠르게 도망치는 방법을 고민한다.

어뢰를 명중시키기 위한 벡터 삼각형

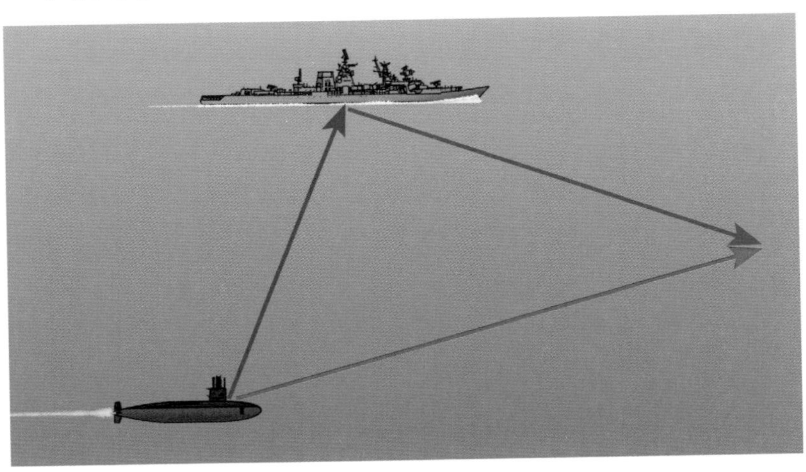

▲ 표적은 이동하므로 '표적의 방위와 거리', '표적의 침로와 속력' 등을 파악하고 최대한 정확히 위치를 예측해야 한다.

잠망경 습격

적의 방위, 거리, 방위각을 알아야 한다

7-4에서도 설명했지만 습격의 기초는 잠수함에서 봤을 때 표적이 '몇 도 방향에 있는지, 거리가 얼마나 떨어져 있는지', '어떤 방향에 어떤 속도로 이동하고 있는지'를 정확히 아는 것이다. 그 첫걸음은 표적의 위치, 다시 말해 잠수함에서 본 표적의 방위와 거리를 관측하고 이를 반복하면 표적의 침로와 속력을 알 수 있다.

잠망경 습격은 함장이 잠망경으로 목표를 관측하고 그 데이터를 바탕으로 표적의 움직임을 분석한다. 다만 잠망경 관측은 방위가 정확해도 눈으로 거리를 어림잡아야 한다. 눈으로 관찰하더라도 다음의 2가지 방법 중 하나를 사용해 더 정확한 거리를 파악하기 위해 노력한다.

첫 번째는 잠망경의 시야 안에 새겨진 분각을 이용하는 방법이다. 잠수함이 나오는 영화를 보면 잠망경으로 적 함선을 보는 영상이 나오는데, 그 잠망경의 시야 안에는 십자선과 눈금이 새겨져 있는 것을 확인할 수 있다. 이 눈금을 분각이라고 부르며 1,000m 앞에 있는 1m 높이의 표적을 1분각이라고 정의한다. 표적의 높이를 알고 있다면, 그 표적을 몇 분각으로 보는지에 따라 거리를 파악할 수 있다. 높이가 15m인 표적을 2분각으로 보면 표적까지의 거리는 7,500m(1,000×15÷2)다.

두 번째는 표적의 허상을 움직여 실제 마스트 위에 허상의 수선을 합

▲ 잠망경으로 본 화면. 십자선의 교점에 있는 것이 항구에 정박한 호위함이다. 잠망경으로 표적을 관측할 때 이런 방식으로 표적의 방위를 잡는다. 화면 왼쪽에 보이는 가로선은 분각을 나타낸 것이다. (촬영 협조 : 일본 해상자위대 구레지방총감부)

분각이란?

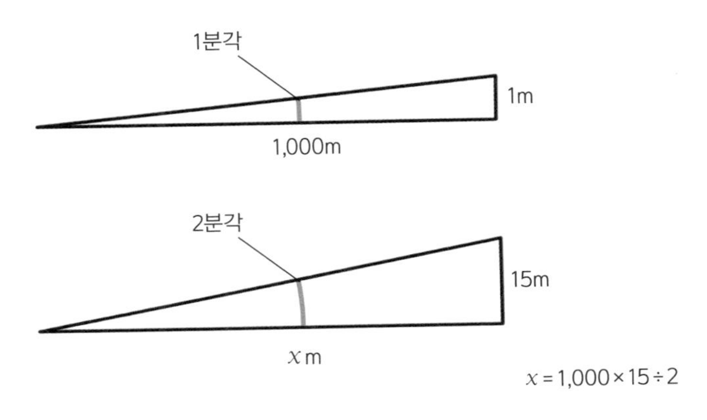

▲ 1,000m 앞에 있는 1m 높이의 표적이 1분각이다. 표적의 높이를 이미 알고 있다면 표적까지의 거리를 알 수 있다.

치고, 이를 통해 표적인 마스트의 높이를 파악해 거리를 확인하는 방법이다. 최근에는 잘 보이지 않지만, 카메라 초점을 맞출 때 실상과 허상을 겹치는 방법이 있다. 이와 동일한 원리다.

잠망경 관측으로 얻는 중요한 정보 중 하나가 방향각이다. 방향각은 잠수함에서 표적을 본 선에 대해 표적인 배가 몇 도의 각도로 향하는지를 나타낸 것이며, 좌우로 0도에서 180도의 각도로 판정한다. 잠수함에서는 '앵글 온 더 보우'(angle on the bow)라고 더 많이 불리는 것 같다. 이 방향각에 따라 표적의 침로를 파악할 수 있다. 표적이 일직선으로 자함을 향해 온다면 '앵글 온 더 보우 0도'라고 한다. 따라서 0도로 본 표적의 앵글 온 더 보우가 0도라면 표적의 침로는 180도다.

이 3가지 정보(방위, 거리, 방위각)를 얻기 위한 것이라고 해도 잠수함을 수면 위에 오래 노출하는 행위는 좋지 않다. 아주 미세한 부분이라도 '잠망경을 수면 위에 꺼내는 행위'는 상대방에게 탐지될 가능성이 있기 때문이다. 따라서 수면 상황에 맞게 표적을 관찰할 최소한의 높이로만 잠망경을 수면 위로 꺼내고, 재빠르게 관측한 뒤에 곧바로 잠망경을 내린다. 함장은 재빠르게 표적의 방위, 거리와 방향각을 관측해야 한다. 위 설명을 바탕으로 잠망경 습격의 흐름을 살펴본다.

잠망격 습격의 흐름

"표적을 관측한다."

함장은 표적을 관측하겠다는 결정을 내린다. 그리고 습격팀에게 관측 의도를 명확히 알린다. 곧바로 습격팀에서 표적의 예상 방위를 보고한다. 함장은 영화처럼 모자의 챙을 뒤로 돌리고 잠망경 앞에 앉는다.

"잠망경을 올려라!"

방위각과 방향각

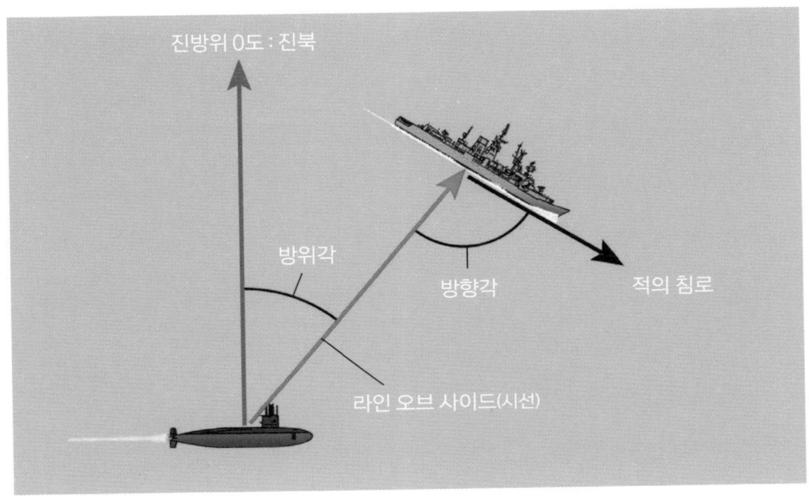

▲ 진북과 라인 오브 사이드(시선)가 이루는 각이 방위각이다. 적의 침로와 라인 오브 사이드가 이루는 각이 방향각이다.

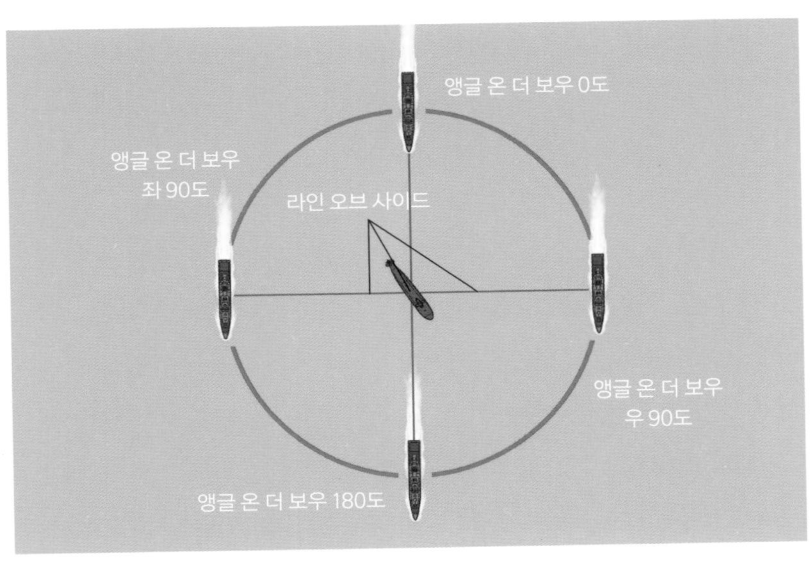

▲ 표적이 일직선으로 자함을 향한다면 '앵글 온 더 보우 0도'가 된다.

잠망경을 보좌하는 항해과원은 명령을 받자마자 유압 밸브를 조작해 잠망경을 올리고, 잠망경의 손잡이가 바닥면을 넘으면 손잡이를 연 뒤에 보고받은 예상 방위로 잠망경을 돌린다.

함장은 대안렌즈에 눈을 대고 올라가는 잠망경에 맞춰 움직이며 목표를 확인한다.

"목표 확인. 방위 입력."

손잡이에 있는 방위 송출 버튼을 누른다. 이때 방위 데이터가 표적기동분석을 진행하는 시스템에 입력되고, 동시에 작도 작업을 하는 곳에도 송신된다.

허상과 실상이 겹쳐지는 것을 이용해 거리를 측정하는 경우에는 항해과원이 "마스트 하이, 100피트."라고 말한다.

이렇게 표적의 수면에서 마스트 꼭대기까지의 높이를 지시한 뒤에 재빠르게 핸들을 조작한다.

"거리 입력. 잠망경을 내려라."

명령을 받은 항해과원은 잠망경을 조작해 내리고, 표시된 거리를 확인한다.

"거리, 8천 야드."

거리를 외칠 때 함장은 관측한 표적을 다시 떠올리며 전달한다.

"앵글 온 더 보우, 좌 25도."

함장이 관측한 앵글 온 더 보우를 이용해 적의 침로를 계산해서 시스템에 입력한다. 분각을 사용해 거리를 측정하는 경우 합쳐서 말한다.

"거리, △△분각. 마스트 하이 ○○○피트."

습격팀은 곧바로 계산을 마친 뒤에 거리를 보고한다. 표적의 마스트 하이를 그때마다 지시하는 이유는 목표와의 거리, 상황에 따라서는 해

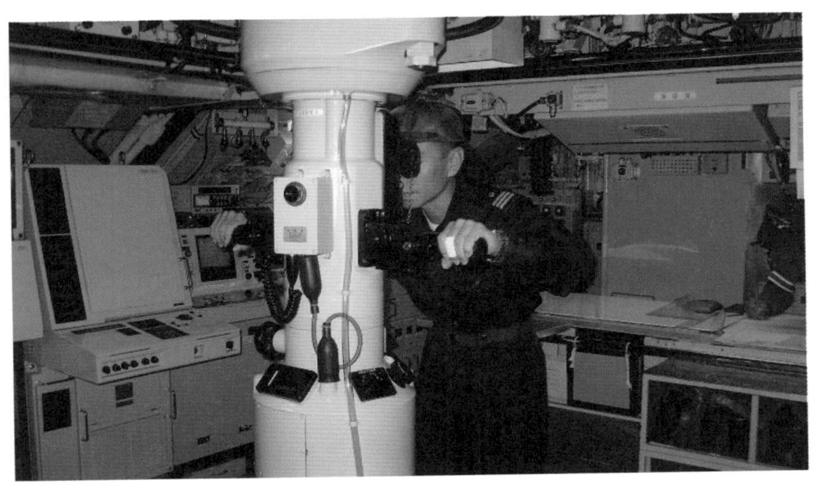

▲ 잠망경 관측을 실시하는 함장. 함장이 잡은 오른쪽 손잡이를 움직이면 시계의 배율을 조절할 수 있다. 왼쪽 손잡이는 부앙각을 변경한다. 다만 비관통형 잠망경이 도입되면서 이러한 모습도 보기 어려워지고 있다. (자료 협조 : 일본 해상자위대)

상의 모양에 따라 표적을 보는 방법이 달라지기 때문이다.

'마스트 하이를 이용한 거리 예측', '함장의 육안으로 도출된 침로'는 추측에 불과해서 오차가 있다고 생각할 수밖에 없다. 따라서 여러 번 관측한 결과를 작도로 평균해서 더 정확한 값에 수렴하도록 함장을 중심으로 습격에 임하는 팀이 전력을 쏟는다.

다만 지금까지 묘사한 모습은 관통형 잠망경을 사용하는 경우에 해당하며, 비관통형 잠망경을 사용하면 상황이 크게 달라진다. 함장이 전투 지휘 시스템 앞에서 팔짱을 끼고 명령을 내리며 디스플레이 화면을 노려보는 장면밖에 표현할 수 없다.

▲ 미국의 '시울프급' 공격형 원자력 잠수함 '코네티컷'의 전투 지휘 시스템 (자료 : 미국 해군)

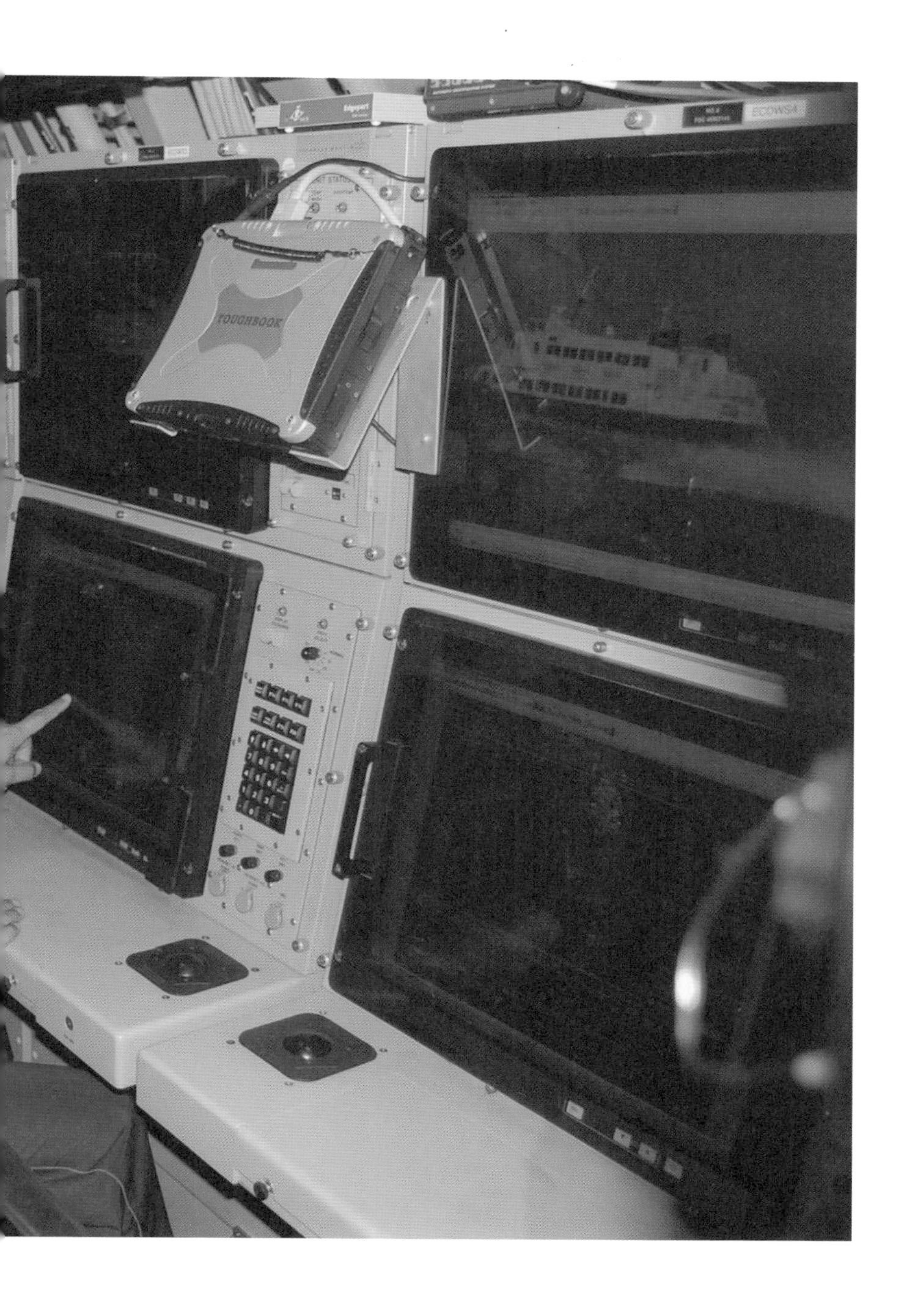
TOUGHBOOK

7-06 청음 습격

추진기가 물을 가르는 소리를 세면 된다

여러 전술 조건 때문에 잠망경을 사용하지 못하는 경우에는 소나를 사용해 소리에만 의지하는 습격을 단행한다. 이를 청음 습격이라고 한다. 청음 습격의 가장 큰 문제점은 소리를 듣는 것만으로는 거리를 파악할 수 없다는 사실이다. 이 문제를 해결하는 열쇠는 방위의 변화다.

같은 거리에 있고 같은 방향으로 이동하는 표적이 있다고 해도 속력이 빠른 표적이 느린 표적보다 방위의 변화가 크다. 여기에 습격에 필요한 표적의 방위, 거리, 속력을 얻는 힌트가 있다. 방위는 앞서 설명했듯이 소나를 이용해 얻을 수 있다. 다음은 속력을 알 수 있는 힌트다. 혹시 잠수함 영화, 만화, 애니메이션 등에서 수상함 추진기의 '쉭, 쉭' 소리가 들리는 장면을 본 적이 있는가? 사실 이 장면은 현실과 거의 같다.

'쉭' 소리는 추진기에 있는 날개 하나가 물을 가르는 소리다. 따라서 이 소리가 난 횟수를 1분 동안 세고, 그 횟수를 추진기 날개의 숫자로 나누면 추진축의 회전수를 알 수 있다. 이를 통해 속력을 추측한다. 이때 잠수함이 꼭 손에 넣어야 하는 정보가 있다. 바로 '배에 탑재된 추진기에 날개가 몇 장이 달려 있는지'와 '배의 추진축 회전수가 몇 회일 때 속력이 몇 노트가 나오는지'다. 따라서 잠수함은 매일 정보를 수집하며, 이를 쌓기 위해 노력한다.

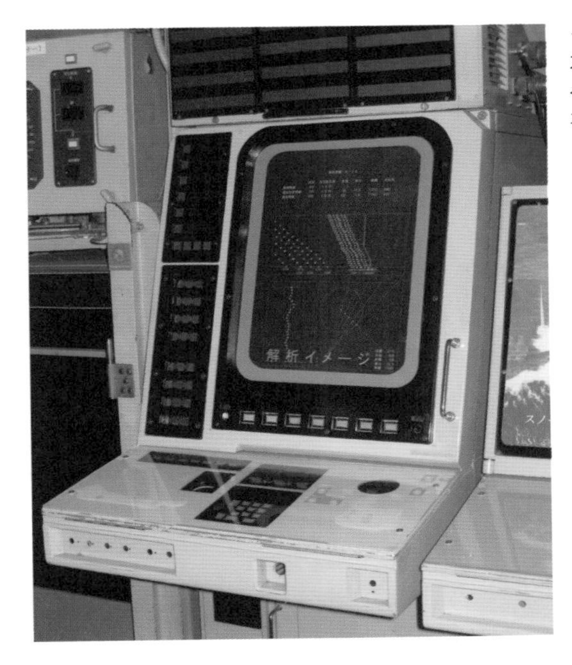

◀ 잠수함 '아키시오'의 전투 지휘 시스템으로 보는 표적 분석의 이미지 (촬영 협조 : 일본 해상 자위대 구레지방총감부)

잠수함 추진기와 관련한 사항이 누출되면 안 되는 정보에 포함되는 이유는 추진기의 기술 누출과 별개로 이러한 전술적 문제가 있기 때문이다.

표적기동분석 이야기로 다시 돌아가겠다. 소나에서 일정 시간 간격으로 보내는 방위, 그때 자함의 위치, 이를 통해 얻은 방위선을 전술 작도 위에 기입한다. 이 작업을 여러 번 반복한 뒤에 속력을 기준으로 만들어진 특별한 템플릿을 사용해 작도에 그려진 방위선의 움직임과 가장 일치하는 것을 구한다. 물론 추측한 속력은 오차가 있기에 앞뒤로 분포하는 몇 가지 속력을 시험한다. 여러 번 작업을 반복해 산출한 값을 여러 정보를 통해 평가하면, 최종적으로 '여기다' 싶은 곳으로 좁혀진다.

7-07 어뢰를 발사하는 방법

반드시 맞히는 방법, 스프레드

표적기동분석을 통해 산출한 지점에 어뢰를 발사한다. 다만 표적기동분석으로 완벽한 답을 얻었다고 생각하면 안 된다. 남아 있는 '오차'도 고려해서 명중률을 올려야 한다. 그 방법 중 하나는 표적의 지근거리까지 접근해 어뢰를 발사하는 것이다.

1982년 포클랜드 전쟁에서 영국 원자력 잠수함 '컨커러'는 아르헨티나의 순양함 '헤네랄 벨그라노'를 격침했다. 컨커러는 원자력 잠수함의 강점을 발휘해 순양함에 접근했고, 최신 호밍 어뢰 '타이거피시'가 아닌 제2차 세계대전 중에 사용한 Mk8 직진 어뢰를 발사해 격침했다. (처음에는 타이거피시를 사용했다고 보도됐다.)

그러나 무조건 명중시키겠다는 생각으로 적에게 접근하는 방법은 자함도 발각될 위험이 매우 높기에 전술로 사용하기가 상당히 힘들다. 이런 이유로 직진 어뢰를 발사하는 경우에는 표적기동의 오차를 고려해서 여러 어뢰를 특정 각도에서 부채꼴로 발사한다. 이를 스프레드라고 부른다. 이때 어떤 순서와 각도로 발사할지는 전술 상황에 따라 판단해 결정한다. 부채꼴로 발사하는 어뢰와 관련해서 소소한 이야기를 하나 덧붙이겠다.

NATO(북대서양조약기구)에서 어느 연설이 끝나고, 회의에 참석한 해

▲ 어뢰의 위력. 미국 해군의 Mk48 ADCAP 어뢰가 표적에 명중하는 순간(왼쪽)과 그 이후의 모습(오른쪽) (자료 : 미국 해군)

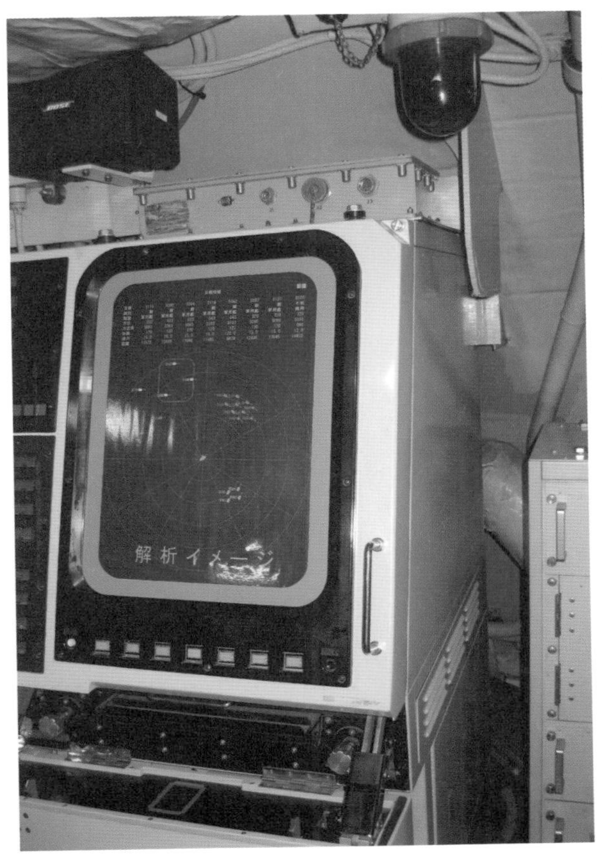

◀ 잠수함 '아키시오'의 어뢰발사관제판. 디스플레이에 표시되는 것은 이미지 화면이다. (촬영 협조 : 일본 해상자위대 구레지방총감부)

군 장교들의 파티가 열렸다. 그 자리에서 미국 해군의 잠수함 승조원이 독일(당시에는 서독일) 해군의 잠수함 승조원에게 "어뢰를 발사할 때 어떤 스프레드로 발사하는가?"라고 물었다. 독일 잠수함 승조원은 "뭐야, 잘난 척은 다 하더니 배 한 척에 어뢰를 그렇게 쏘아 대지 않으면 맞히지도 못하나 보군."이라고 대답하며 "One Target, One Torpedo."(표적 하나에 어뢰는 하나로 충분하다.)라는 말과 함께 가슴을 폈다고 한다.

아무튼, 현재 어뢰는 직진 모드가 있는 것도 있지만 기본적으로는 호밍(자동 유도식) 어뢰다. 앞선 설명처럼 소리를 쫓아가므로 표적기동분석의 오차를 어느 정도 줄일 수 있고, 표적이 침로를 변경해도 빗나갈 가능성이 낮다. 소리를 쫓아가는 방식도 2가지다. 어뢰 끝부분에 있는

▶ 버지니아급 공격형 원자력 잠수함이 어뢰를 발사하는 이미지 (도판 : 미국 해군)

소나에서 발신한 소리가 반사된 것을 쫓아가는 액티브, 표적이 내는 소리를 쫓아가는 패시브 방식이 있다. 각각 장단점이 있으므로 전술 상황에 맞춰 선택한다.

최근에는 유선 유도 방식의 호밍 어뢰도 사용한다. 호밍 기능은 있지만 한정된 능력밖에 발휘하지 못하는 어뢰에 모두 맡기지 않고, 어뢰보다 압도적인 정보량을 가진 함장 이하의 승조원이 상황을 판단할 수 있는 잠수정에서 각 어뢰에 정보와 명령을 전달한다. 이 방식은 더욱 높은 명중률을 기대할 수 있으며 잠수함이 취할 수 있는 전술의 폭도 다양해진다.

7-08 미사일

어뢰보다 멀리 있는 표적을 공격한다

현대 잠수함이 사용하는 중요한 공격 무기에는 어뢰와 함께 미사일이 있다. 대표적인 대함 미사일로 미국의 하푼 대함 미사일, 프랑스의 엑조세 대함 미사일, 러시아(구소련)의 SS-N-19 순항 미사일, SS-N-26

■ **잠수함에서 발사하는 미사일 이미지**

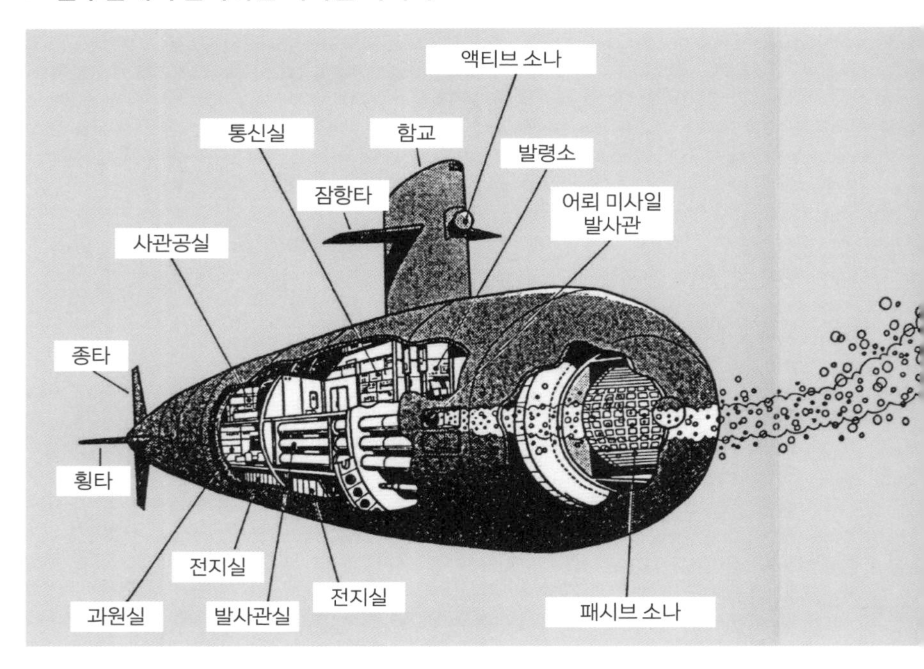

대함 미사일 등을 꼽을 수 있다.

이 중에서 SS-N-19 순항 미사일은 사거리가 약 700km로 알려져 있으며 미국의 하푼 미사일보다 사거리가 5배 이상이다. 아주 멀리 있는 목표를 공격할 수 있다는 이점은 있지만, 그 거리를 어떻게 유도할 것인지가 문제여서 '최후의 장거리 대함 미사일'이라고 불린다. 일본 해상자위대도 사용하는 하푼 대함 미사일의 사거리는 약 120km이며 엑조세 대함 미사일은 이보다 짧은 약 50km로 알려져 있다. 그래도 어뢰의 사거리와 비교하면 훨씬 멀리 있는 목표를 공격할 수 있다는 장점은 여전히 있다.

대신에 그만큼 표적이 멀어졌을 때 잠수함 자체가 이를 발견해 표적

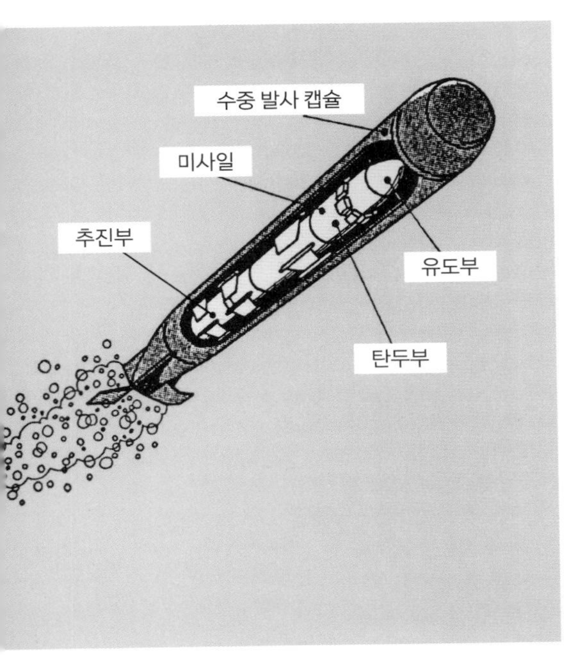

◀ 하푼 대함 미사일을 수중 발사 캡슐 안에 넣고, 잠수함의 어뢰발사관을 통해 발사한다. (도판 협조 : 일본 해상자위대)

의 움직임을 분석하는 것은 위험하다. 그래서 다른 센서, 예를 들면 초계기나 정찰 위성이 표적을 발견하고 뒤를 추적한다. 해당 데이터는 잠수함 부대의 사령부를 경유해 잠수함으로 향하며, 이를 분석한 잠수함이 예상되는 명중 포인트를 향해 미사일을 발사한다.

이는 제2차 세계대전 중에 독일의 잠수함 부대가 사용한 이리 떼 전술의 현대판이라고 생각해도 좋다. 이리 떼 전술이란 적을 발견한 잠수함 부대가 사령부에 보고하면, 사령부는 근처에 있는 잠수함에 정보를 보내서 목표로 향하게 한다.

하푼 대함 미사일의 원리

하푼 대함 미사일은 직경이 343mm라서 533mm의 발사관에 넣기에는 헐겁다. 날개를 펼치면 914mm가 되므로 발사관에 들어가지 않는다. 그래서 날개를 접이식으로 바꾸고 533mm의 캡슐 안에 넣어서 발사관에 장전한다.

캡슐의 꼬리 부분에는 발사관에서 발사된 캡슐이 반드시 수면을 향해 상승하도록 조절한 방향타가 달려 있다. 또 다른 장치는 캡슐의 노즈 부분과 꼬리 부분에 있다. 스퀴브라고 불리는 작은 폭약이다. 수면에 도착한 캡슐의 수압이 0이 되면 발화해서 노즈콘과 꼬리 부분을 날려버리도록 설계돼 있다. 동시에 미사일 자체의 부스터 엔진이 점화되며 미사일이 날아간다. 합계 8장의 날개도 펼쳐진다.

현재 대함 미사일은 중간부터 유도해 주는 외부 요소에 의존하지 않을 때도 있으며(사실 의존할 수가 없다.) 중간부터는 관성 유도를 이용해 목표로 향한다. 마지막 단계에 돌입하면 끝에 설치된 레이더, 액티브 레이더 호밍으로 목표를 명중시킨다. 이를 두고 '미사일이 눈을 뜬다.'

라고 표현한다.

미사일의 비행 패턴은 이렇다. 발사 직후에 한 번 상승하고, 곧바로 고도를 낮춰 수면 위를 아슬아슬하게 난다. 이를 시스키밍(sea-skimming)이라고 한다. 적에게 발견되는 것을 막기 위한 대책이다. 그리고 '눈을 뜬' 미사일이 표적을 발견하면 다시 고도를 올린 뒤에 수직으로 낙하해 표적을 공격하는 팝업 기동을 한다.

▲ 잠수함에서 발사된 하푼 대함 미사일. 왼쪽 위에 미사일을 격납하던 캡슐의 노즈콘이 보인다. 스퀴브의 발화 때문에 날아간 것이다. (자료 : 미국 해군)

7-09

기뢰

아주 은밀하고 세밀하게 설치할 수 있다

일본은 러일 전쟁부터 기뢰를 실전에 본격적으로 사용했다. 쓰시마 해전에서 기뢰로 러시아 태평양함대 기함 '페트로파블롭스크'를 격침했고, 명장 마카로프를 쓰러뜨렸다. 러시아가 설치한 기뢰로 인해 일본은 쓰시마 해전에서 아끼던 전함 '야시마'와 '하쓰세'를 하루 만에 잃었다.

적에게 들키지 않고 설치한 기뢰는 피격되지 않는 한 발견하기가 어려운 데다가, 러일 전쟁의 사례를 통해서도 알 수 있듯이 엄청난 성과를 가져다준다. 6.25 전쟁에서 북한이 설치한 기뢰로 인해 압도적인 힘을 지닌 미국 해군이 행동에 제약을 받았을 정도다. 이러한 기뢰의 위력을 보고 나면, 은밀 행동이 장점인 잠수함과 기뢰의 조합은 누구나 떠올릴 만한 것이다.

제1차 세계대전 중에 독일은 UE-1형 및 UE-2형 기뢰부설 잠수함을 건조했다. 영국도 '그램퍼스급' 기뢰부설 잠수함을 건조했고, 프랑스 해군의 '사피르급' 잠수함, 이탈리아 해군의 '포카급' 잠수함, 폴란드 해군의 '빌크급' 잠수함이 기뢰부설 임무에 특화된 잠수함으로 등장했다.

일본 해군은 독일 기술을 참고해 이후 제121잠수함 3척을 건조했다. 이 잠수함은 탑재된 기뢰의 개별 부설통을 이용해 기뢰를 설치했다. 그러나 발사관을 통해 부설하는 기뢰가 개발되면서 그 역할은 끝이 났다.

▲ 걸프 전쟁 이후 페르시아만에서 기뢰를 처분하는 일본 해상자위대 수중처분대의 대원. 오른쪽에 보이는 것이 기뢰의 폭약이 들어 있는 통이다. 오른쪽에 튀어나온 접촉 부분에 닿으면 폭발한다. (자료 협조 : 일본 해상자위대)

▲ 기뢰의 위력. 일본 해상자위대가 실제 기뢰를 소해(掃海)하는 훈련의 모습. 앞쪽에 찍힌 사람 크기로 물기둥 크기를 파악할 수 있다. 오른쪽 앞에 '스가시마급' 소해정 1번함 '스가시마'가 보인다. 기준 배수량은 510톤, 전폭은 9.4m다. (자료 협조 : 일본 해상자위대)

제2차 세계대전 중에 독일의 U보트는 핼리팩스에서 미시시피강 구역에 이르는 긴 범위에 기뢰를 부설했다. 이 범위 안에 있는 몇몇 항구에서는 촉뢰 사고가 발생했으며, 안전을 확보하기까지 약 40일(합계)이 걸렸다. 그동안 항구는 봉쇄됐다.

현재도 기뢰부설은 잠수함의 임무 중 하나다. 중국 해군은 적의 구역에서도 행동할 수 있는 잠수함을 이렇게 생각한다.

'적이 해상에서 우위를 유지하는 해역, 적의 중요한 해역 또는 항만에 기뢰를 부설하면 적의 해상 교통로를 파괴하고 계속 위협하는 데에 매우 유용하다.'

그래서 잠수함의 기뢰부설을 중시한다고 한다. 미국 해군은《중국의 기뢰전—인민해방군 해군이 가진 '암살자 곤봉'의 능력》이라는 책에서 중국 해군을 향한 경계심을 위와 같이 나타냈다.

잠수함을 이용한 기뢰부설은 무엇보다도 은밀하게 실시할 수 있고, 부설 위치의 정밀도가 높으며, 적은 기뢰로 큰 전과를 기대할 수 있다.

제인 함정 연감(Jane's Fighting Ships)에서는 잠수함의 기뢰 탑재 능력을 '어뢰 1대와 기뢰 2대를 교환할 수 있다.'라고 말하는 경우가 많다고 한다. 단, 잠수함은 적과 조우할 경우를 대비해 반격용 어뢰를 남겨둘 필요가 있다.

기뢰부설은 작전 계획으로 정해진 해역의 코스를 따라 실시하며, 역시 정해진 간격으로 계속 설치한다. 기뢰 발사는 수압 발사가 원칙이다.

미국 해군은 그동안 잠수함이 관여하지 않았던 대기뢰전 분야에서도 UUV(Unmanned Underwater Vehicle. 무인 잠수정)를 이용한 대기뢰전을 연구하고 있다.

▲ 고베항 바다에서 미군이 부설한 기뢰를 소해하는 모습 (자료 협조 : 일본 해상자위대)

화재 · 침수 대책

언제 발생해도 이상하지 않다

잠수함은 적과 싸울 뿐 아니라 바다라는 자연과 싸우고, 물속에서 이동하기 위해 수압과 싸운다. 그러므로 잠수함은 기기 고장의 대응을 비롯해 생존을 위해 다양한 방법을 사용한다. 유압 계통과 전기 계통은 반드시 메인 계통과 백업용 계통, 최소한 두 계통을 준비해 무슨 일이 발생했을 때 승조원과 잠수함을 무사히 귀환시킬 수 있도록 대비한다.

이번에는 잠수함에 일어날 가능성이 작지 않은 데다가 일어나면 매우 위험한 상황에 빠질 수 있는 화재와 침수에 어떻게 대처하는지 알아본다.

방화, 화재를 막다

화재는 일반 가연물이 타는 일반 화재(A형 화재), 유류 화재(B형 화재), 전기 화재(C형 화재)까지 총 3종류가 있다. 잠수함 내부에는 서류를 비롯한 종이와 승조원이 입는 옷 등 일반 가연물이 있다. 선저에는 기름기가 있는 오수, 빌지가 고여 있다. 조리실에서는 튀김을 만들 때 상당히 많은 양의 기름을 사용한다. 잠수함에는 몇백 개의 전지가 실려 있으며 대전류가 흐르는 전선이 벽을 따라 설치돼 있다. 게다가 메인 발전기와 전동기뿐 아니라 배전반 및 여러 종류의 전기 · 전자기기가 빼

▲ 원형 탱크를 사용한 방화 훈련 (자료 협조 : 일본 해상자위대)

▲ 미 해군 원자력 잠수함 '포츠머스'의 부장이 OBA(산소호흡기)를 착용하고 방화 훈련을 하는 모습 (자료 : 미국 해군)

곡하게 놓여 있다. 따라서 잠수함 내부에서 A형 화재, B형 화재, C형 화재가 일어날 위험성은 항상 존재한다.

구소련은 1962년에 '폭스트롯급' 잠수함이 화재로 인해 침몰했으며 중국의 '한급' 잠수함은 2005년에 화재로 행동 불능 상태에 빠져서 예인되는 장면이 목격됐다. 일본은 1967년에 잠수함 내부에서 전기 화재가 일어났다.

이런 위험성 때문에 정박 중인 잠수함에서는 1시간에 1번씩 함내 당직원이 다른 안전 검사를 겸해 함내를 돌며 점검한다. 항해 중에는 각 구획의 당직원이 정기적으로 점검한다. 그래도 화재가 발생할 경우에는 직접 불을 끌 수밖에 없다. 일본 해상자위대에서는 잠수함뿐 아니라 수상함에서도 각종 방화 훈련을 실시한다.

불을 끌 수 있다는 자신감

방화 훈련의 첫 관문은 실제로 불을 마주하고 이를 끄는 것이다. 보통 유류 화재가 나면 '절대로 물을 사용하면 안 된다.'라는 생각을 할 것이다. 그러나 일본 해상자위대는 특별하게 만든 노즐로 고속과 저속의 물안개를 발생시켜서 유류 화재를 진압한다. 불이 일어나려면 물질, 산소, 열이 필요하다. 물안개는 산소를 차단하고 열을 빼앗아서 불을 끌 수 있다. 당연히 일반 가정에서는 이러한 물안개를 만들 수가 없으므로 섣불리 따라 하면 안 된다.

유류 화재를 소화하는 훈련에는 원형 탱크 또는 오픈 탱크라고 부르는 원통형 탱크를 사용한 훈련과 모의 기계실에서 진행하는 소화 훈련이 있다.

오픈 탱크로 하는 훈련은 탱크에 기름이 담겨 있다. 여기에 불을 붙

▲ 방화 훈련 장치(모의 기계실) (자료 : 미국 해군)

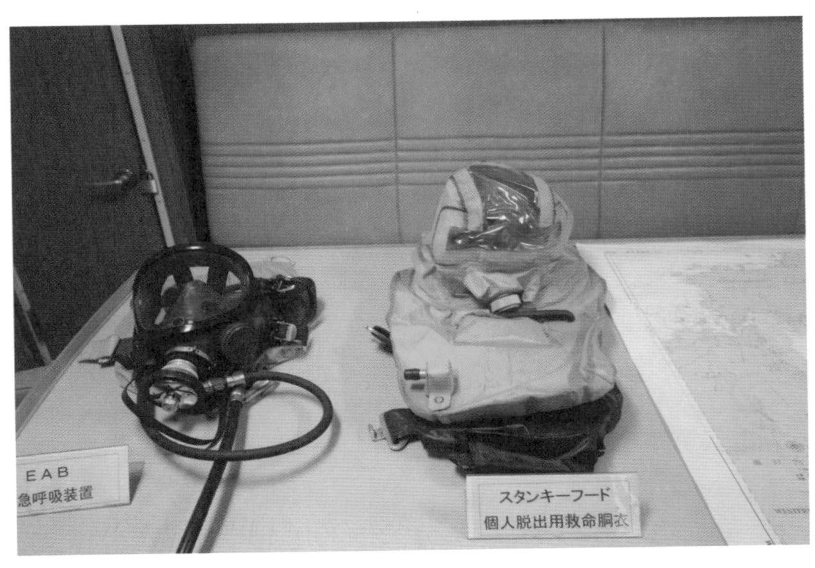

▲ 사진 왼쪽에 있는 것이 EAB(응급 호흡 장치) 마스크. 잠수함의 각 구획에는 EAB를 원터치로 연결할 수 있는 매니폴드(다기관)가 설치돼 있다. (촬영 협조 : 일본 해상자위대 구레지방총감부)

여서 충분히 타게 둔 다음에 호스 2대로 화재를 진압하는 훈련을 한다.

모의 기계실은 기계실을 본뜬 방이다. 그 안에 그레이팅(구리나 알루미늄을 격자 모양으로 만든 것)과 플레이트를 깔아 놓은 통로가 있으며, 그 아래에는 함저의 빌지를 재현한 폐유가 가득 모여 있다. (실제 잠수함에 빌지가 이렇게 모여 있으면 관리를 담당하는 사람이 크게 혼날 것이다.) 여기에 불을 붙인 뒤에 불타는 기계실로 진입하는 훈련, 팀의 연계 훈련, 그레이팅 너머와 플레이트 아래의 소화 훈련을 진행한다.

잠수함 내부에서는 실제로 불을 붙일 수 없으므로 보통 교육훈련계 사관인 부장 또는 그를 보좌하는 해조사가 화재 발생과 이후의 상황을 가정해 훈련을 진행한다.

앞서 말했듯이 잠수함 내부에는 주 축전지를 포함해 수많은 전기·전자기기가 있으므로 해수를 사용할 수 없다. 따라서 소화기를 먼저 사용해 진압을 시도한다.

최후의 수단 '밀폐 소화'란?

그럼에도 불길을 잡지 못하면 밀폐 소화로 이행한다. 잠수함의 각 방수 구획은 밸브나 방수문을 닫으면 완전한 기밀(氣密) 상태가 된다. 결국 화재 구획의 산소는 사라지고, 불은 자연스레 꺼진다.

밀폐 소화로 이행할 때 가장 주의해야 할 점은 구획 내에 승조원이 남아 있는지를 확인하는 것이다. 침대 하나하나에 손을 넣어서 '남아 있는 승조원이 있는지', '바닥에 쓰러진 사람은 없는지'를 확인한다. 이어서 방수문이나 격벽 밸브를 폐쇄해 화재가 일어난 구획을 밀폐한다. 이 구획을 계속 방치하면 구획 내의 산소가 사라져서 화재는 진화된다.

이제 진화 후의 처치 단계로 넘어가는데, 신중해야 한다. 먼저 밀폐 소화가 된 구획에 폭발성 가스가 남아 있지 않은지 검지기를 사용해 검사한다. 샘플링을 어디서부터 진행할 것인지도 중요한 문제다. 폭발성 가스가 없다고 판단되면 연기를 제거한다. 연기가 함내에 퍼지지 않도록 공기 흐름을 생각해 주기(主機)를 이용하거나 배기팬 및 덕트를 사용한다. 상황에 가장 적합한 방법을 선택해서 연기를 배 바깥으로 배출한다.

연기 제거가 끝나면 방수문을 열고 OBA(산소호흡기)나 EAB(응급 호흡 장치)를 착용한 응급반이 현장에 들어가서 현장의 산소 농도 및 유독성 가스의 유무를 확인한다.

현장에 산소가 있고 유독 가스가 없다는 것을 확인했다면 응급반이 남은 먼지를 처리한다. 남은 먼지 안에 불씨가 남아 있는지를 확인하는 것이 중요하다. 만약에 남아 있던 불씨가 다시 화재를 일으킨다면 큰 문제가 될 수 있기 때문이다. 남은 불씨가 없다는 것을 확인한 뒤에 비로소 '화재 재발의 위험 없음'이라 판단하고 화재 대응을 종료한다. 이제 뒤처리만 하면 된다.

방수, 물을 막다

침수는 함정에서 가장 주의하는 사고다. 물속을 이동하며 심도를 바꾸는 잠수함은 수압의 영향을 받기 때문에 특히 더 주의해야 한다. 침수는 충돌로 인해 선체에 구멍이 난 경우, 폭뢰 공격으로 인한 충돌로 해수관의 이음매가 헐거워지는 경우, 부식으로 해수관에 구멍이 나는 경우 등 다양한 이유로 발생한다. 방수는 이러한 침수 원인을 제거하는 것이며, 이를 위해 다양한 방법을 사용한다.

예를 들어 철판이 안쪽으로 휘어져서 파공(구멍)이 생겼다면 고무 패킹이 달린 상자 패치를 사용한다. 좌우 끝에 둥근 구멍이 있으며, 침수된 부위에 이 상자를 대고 뒤에서 목재로 고정한다. 이때 선체에 들어온 물은 좌우 끝의 둥근 구멍을 통해서 나온다. 이 구멍에 나무 마개를 박으면 침수를 막을 수 있다.

승조원은 일단 기초 훈련을 통해 각종 방법을 습득한다. 그리고 팀을 편성한 뒤에 종합 훈련에 임한다. 훈련장은 함내의 특정 구역을 본뜬 시설이며 격벽에는 여러 개의 파공이 있고, 이음매를 헐겁게 만든 곳도 있다. 훈련할 때 폐쇄하면 안 되는 밸브도 표시돼 있다.

먼저 구획 당직원 1명만 훈련 함내에 들어간다. 훈련이 시작되면 이곳저곳에서 해수가 뿜어져 나온다. 당직원은 곧바로 침수를 보고하며, 이 보고를 받은 응급반이 훈련장에 들어간다. 지휘관은 폐쇄할 수 있는 밸브를 모두 폐쇄하라고 명령해 침수량을 줄인다. 이때 폐쇄가 덜 돼 누수가 발생하면 침수가 지속된다. 상황에 따라서는 물에 잠긴 채 작업해야 할 수도 있다. 다음은 응급반이 각 침수 장소에 맞는 방수 처치를 실시해 침수를 막는다.

침수를 막고 겨우 한숨을 돌리고 있으면 짓궂은 교관이 급속 심도 변경을 실시한다. 응급 처치를 한 장소의 수압을 올리는 것이다. 처치가 부실하다면 다시 해수가 뿜어져 나오므로 다시 방수 처치를 해야 한다. 승조원의 숙련도는 이러한 방식으로 올린다.

다른 무언가의 이유로 축전지에 해수가 들어가서 염소 가스가 발생한 상황에도 대처해야 한다. 피해를 본 축전지를 격리해서 염소 가스의 발생을 막고, 환기해서 염소 가스를 배출한다.

▲ 잠수함 교육 훈련대의 방수 훈련장에서 훈련을 진행하는 학생들 (자료 협조 : 일본 해상자위대)

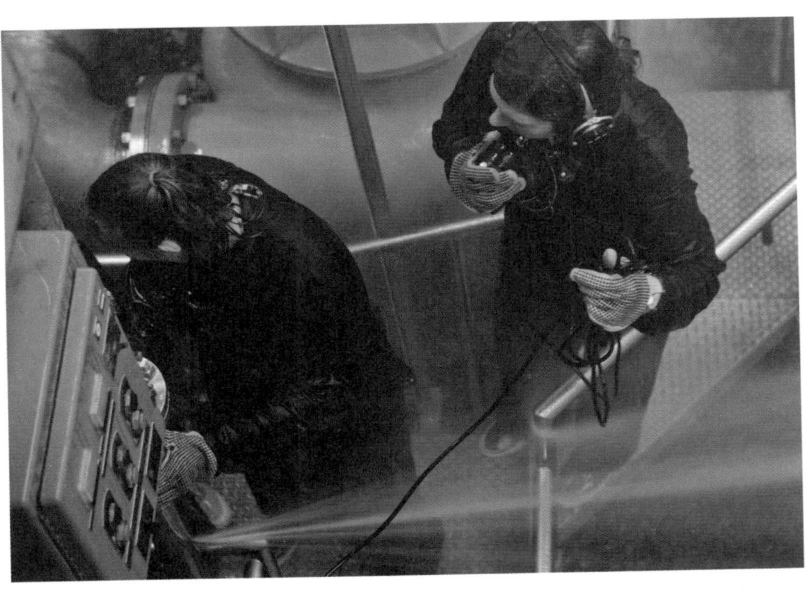

▲ 방수 훈련을 진행하는 미국 해군의 잠수함 승조원 (자료 : 미국 해군)

7-11 무기 부상

지구 인력으로 MBT 배수를 진행한다

잠수함은 고압 공기를 MBT에 넣어서 부상한다는 것을 이전에 설명했다. 당연하지만 고압 공기를 넣는 기기는 고장이 날 수 있다. MBT가 송풍 작업을 하지 못한다면 잠수함은 부상할 수 없고, 위험에 빠진다.

MBT의 송풍 작업이 불가능한 긴급 상황이나 고압 공기의 사용이 제한되는 상황에 쓰는 부상 방법이 무기 부상(無氣 浮上)이다. 무기 부상은 지구 인력을 이용한다.

무기 부상을 준비하는 일은 일반적으로 부상할 때와 동일하지만 급

기통은 열지 않는다. 이어서 MBT 벤트 밸브의 앞부분을 절반만 개방한다. 속력을 올리고 속도계가 지정된 속도를 가리키면 "부상해라."라는 명령이 내려지고 잠항타, 횡타를 최대한 위로 잡아서 부상한다.

절반만 열린 밸브가 수면 위에 올라오면 지구 인력으로 인해 MBT 내부의 해수는 아래로 향하고, 공기가 MBT 내부로 들어온다. 공기가 최대한 들어왔다고 판단됐을 때(이 시점을 파악하기가 어렵지만) 열었던 밸브를 폐쇄한다.

함수도 지구 인력에 끌려서 물속으로 들어가려 하지만 밸브를 열어 놓은 MBT에는 이미 공기가 들어와 있기에 절반이 열린 상태가 유지된다. 이때 횡타를 최대한 아래로 잡으면 함미가 솟아오른다. 그리고 배기통의 해수를 배수해 급기 라인을 확보한 다음, 디젤 엔진을 기동하고 저압 배수를 해서 부상한다. 다만 일본 해상자위대는 '하루시오급' 잠수함 이후부터 저압 배수 계통을 삭제했고, 잠수함의 구조 문제 때문에 무기 부상은 하지 않고 있다.

◀ 긴급 부상 훈련을 하는 미국 해군의 원자력 잠수함 '콜럼버스'(자료 : 미국 해군)

7-12 회피

대잠초계기와 속고 속이는 싸움

잠수함의 최대 무기는 은밀성이다. 공격하다가 발각되는 경우 또는 적에게 발견된 경우에는 '36계 줄행랑'이다. 도망치는 방법은 설명하기 어렵다. 이는 잠수함이 손에 쥔 패를 드러내는 것과 같고, 상대방의 전술과도 깊게 관련된 일이기 때문이다. 다만 잠수함의 최대 강점인 은밀성을 어떻게 회복할 것인지가 원칙이라는 점은 말할 수 있다. 적에게 접근할 때 '어떻게 발견되지 않도록 행동할 것인가'라는 점과 공통된 부분이 많다.

일단, 자연조건을 이용해야 한다. 잠수함 영화에서 본 적이 있을 것이다. 잠수함은 깊은 곳으로 도망친다. 그리고 적이 잠수함을 발견했다고 생각하는 지점(일명 데이텀)에서 최대한 빠르게 벗어나는 것이 일반적이다.

물속에 있는 잠수함을 탐지할 때는 소리를 이용한다. 소리는 물속에서 굴절하므로 소리가 닿지 않는 부분이 존재한다. 이곳에 숨으면 적의 소나에는 발견되지 않지만, 적이 심도를 변경할 수 있는 소나 시스템을 지니고 있다면 무조건 안전하다고 말할 수는 없다.

그래서 허위 표적을 활용해 적의 수색을 교란하기도 한다. 자연에는 특히 액티브 소나를 상대할 수 있는 허위 표적이 많다. 1982년 포클랜드 전쟁에서는 그 해역에 서식하는 작은 새우가 무리를 형성했고, 이것이 액티브 소나에 탐지됐을 때 잠수함처럼 보였다. 영국 해군은 새우 무리 때문에 대잠탄을 낭비했다고 한다. 이런 식으로 허위 표적을 잠수함 근처에 설치한다.

일반적으로 허위 표적은 속력을 낼 수 없다. 적의 액티브 소나에는 '도플러 효과 반응 없음'으로 나타나므로 기만 효과가 떨어질 수 있다. 구급차의 '삐뽀삐뽀' 소리가 가까이 올 때는 높은 소리로 들리는데 옆으로 지나가는 순간 갑자기 낮은 소리로 변하는 경험을 한 적이 있을 것이다. 이것이 바로 도플러 효과다. 액티브 소나로 적을 수색할 때, 도플러 효과의 반응 유무는 탐지하는 목표가 잠수함인지 아닌지를 판단하는 중요한 요소다. 그래서 도플러 효과가 나타나는 허위 표적을 향해 발사할 때도 있다.

대잠초계기와의 눈치 싸움

지금, 움직이는 잠수함에 타고 있다고 상상해 보자. ESM이 대잠초계기의 레이더파를 탐지하는 와중에 스노클을 실시하고 있다. 갑자기 ESM의 감도가 높아지고, 구름 사이에서 초계기가 나타나 곧바로 본함을 향해 온다.

잠수함은 스노클을 중지하고 다시 깊이 잠수하려 한다. 하지만 물속에서 '펑' 하고 폭발음이 들린다. 초계기는 잠수함이 마지막에 있었다고 추정되는 위치를 중심으로 원을 그린다. 소리를 듣기 위한 마이크로폰이 달린 부이(소노부이)를 투하하고, 소노부이 부근에 폭음탄을 투하한다. 여기에서 나온 소리가 잠수함에 도달하고 반사돼 도착하는 시간차를 이용해 잠수함의 움직임을 파악하려는 모양이다.

잠수함은 이 초계기의 수색원을 추정하고, 도주로의 방향을 들키지 않은 채로 최대한 빠르게 원 바깥으로 탈출하기 위해 움직인다. 한편, 잠수함을 추격하던 초계기는 그 침로와 속력을 산출해 공격이 가능하다는 판단이 서면 비행 패턴을 원에서 경기장 트랙 같은 타원형으로 변경한다. 잠수함의 바로 위를 통과할 때 MAD 탐지를 이용해 잠수함이라는 것을 확인했다면 곧바로 어뢰를 투하한다.

잠수함은 거의 일정한 간격으로 들리던 폭음탄의 소리가 들리지 않으면 '초계기가 공격 태세에 들어갔다'라고 판단해 진로를 크게 변경하고, 초계기가 공격할 기회를 놓치게 한다. 초계기가 MAD 탐지로 잠수함을 확인하지 못했다면 기존 수색 패턴으로 돌아간다. 잠수함은 이렇게 허허실실의 눈치 싸움을 반복하며 회피한다.

▲ 미국 해군이 운용하던 록히드(현 록히드 마틴)의 대잠초계기 P-2H(P2V-7). 현재는 록히드 P-3C가 후계기로 운용되고 있다. (자료 : 미국 해군)

대잠초계기의 잠수함 추격 이미지

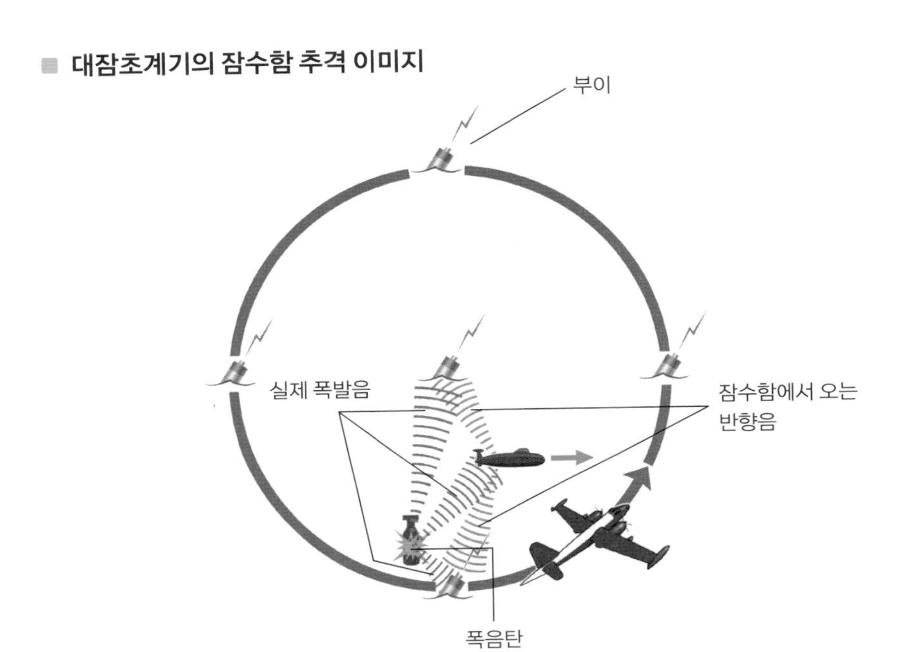

▲ 잠수함은 들키지 않고 대잠초계기가 설치한 부이의 수색원에서 벗어나야 한다.

대잠초계기의 잠수함 공격 이미지

▲ 대잠초계기는 공격이 가능하다고 판단하면 비행 패턴을 원에서 경기장 트랙 같은 타원형으로 변경한다.

8장

잠수함의 구난

잠수함의 역사를 되짚어보면 비극도 많다. 이번 장에서는 잠수함 구난의 역사, 현대 잠수함이 침몰했을 때 승조원을 구조하는 방법, 승조원이 잠수함에서 탈출하는 방법 등을 살펴본다.

8-01 잠수함 구난의 역사

침몰한 잠수함에서 어떻게 구조할까?

1910년 4월, 일본의 제6호 잠수정이 침몰했다. 일본에서 일어난 첫 침몰 사고다. 일본 해군이 러일 전쟁 중에 포클랜드 잠수정 5척을 구매했다는 사실을 이전에 설명했다. 제6호 잠수정은 포클랜드 잠수정을 바탕으로 일본이 건조한 최초의 잠수정이었다. 제6호 잠수정이 야마구치현 이와쿠니 앞바다에서 가솔린 잠항 훈련을 실시하던 중에 침몰하고 말았다. 잠수정은 다음 날(이틀 뒤라는 설도 있음)에 인양됐는데, 사쿠마 쓰토무 대위 이하, 승조원 14명 전원이 순직했다.

1924년 4월에는 제43호 잠수정이 나가사키현 사세보시 앞바다에서 경순양함 '다쓰타'와 충돌 후 침몰했다. 사고 발생으로부터 7시간이 지난 뒤에 구조대와 통신했고, 13시간에 걸쳐 통신이 유지됐음에도 불구하고 바다 상태 때문에 구난 활동이 진전되지 못하며 승조원 전원이 순직했다.

제2차 세계대전 이전에 일본은 잠수함 12척이 침몰했고, 대부분이 수심 1,000m보다 얕은 해역에서 발생했다. 그중에 9척은 구난했다. 1939년 2월 2일, 분고 수도(豊後 水道)에서 발생한 이호 제63잠수함의 침몰 사고에서는 수심 90m의 구난에 성공해 당시 세계 기록을 세웠지만 승조원 81명이 순직했다. 영국 해군은 잠수함이 총 27척 침몰했는데, 사고가 일어난 곳의 수심은 대부분 100m보다 얕았다. 하지만 구난과 탈출의 성과는 인정받지 못했다. 미국 해군은 잠수함 16척을 잃었다.

이렇게 많이 희생된 원인 중 하나는 생존한 승조원을 구조하려면 구난하는 방법밖에 없는데, 구난 작업에 많은 시간이 필요하기 때문이다. 생존한 승조원을 구조할 시간이 부족했다.

이 상황은 레스큐 체임버가 등장하면서 타개할 수 있었다. 1925년, 미국 해군의 S-51 잠수함이 침몰했는데 생존자가 있었음에도 구조하

레스큐 체임버의 구조 이미지

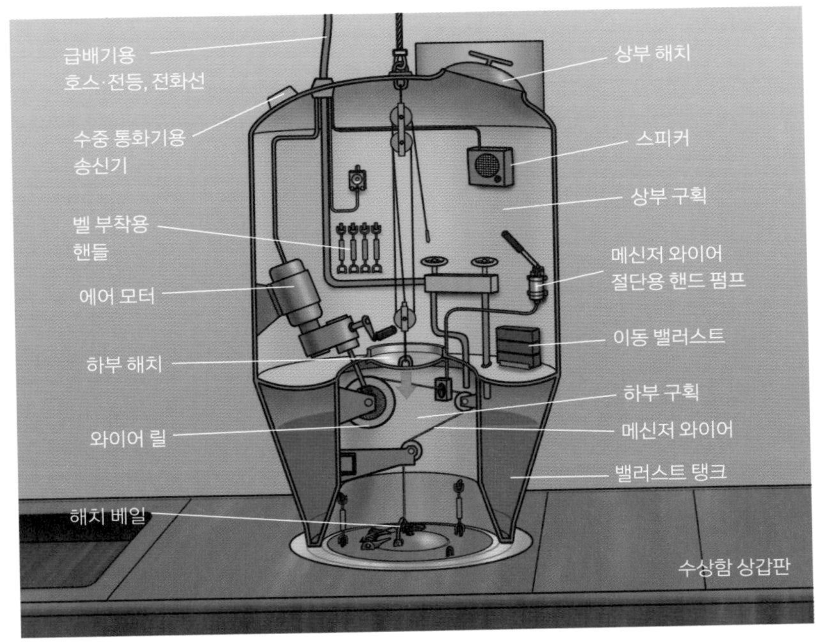

▲ 벨 부착용 핸들은 턴버클(turnbuckle)의 일종이다. 잠수함에 밀착한 레스큐 체임버를 고정하기 위해 사용한다. 4개를 탑재하고 최소한 3곳에 사용한다. 메신저 와이어 절단용 핸드 펌프는 긴급 상황에 핸들을 조작해 유압을 일으킨다. 커터는 이 유압을 이용해 단두대처럼 메신저 와이어를 절단하고 체임버는 자유롭게 부상한다. 이동 밸러스트는 구출한 승조원 대신 잠수함 안에 두는 무게 추다. (참고 : 일본 해상자위대 자료)

지 못하고 33명이 순직했다. '생존자가 있었음에도 구조하지 못한 상황'에 직면한 미국 해군은 잠수함 구난이라는 아이디어를 떠올렸다.

가장 중요한 역할을 한 사람은 찰스 맘슨(Charles Bowers "Swede" Momsen) 대위(당시)였다. 그는 레스큐 체임버를 개발했는데, 1939년에 포츠머스 앞바다에서 침수돼 수심 71m의 해저로 침몰한 '스퀄러스' 잠수함의 승조원 23명을 성공적으로 구출했다.

레스큐 체임버의 모양은 '절에 있는 범종'처럼 생겼다. 잠수함에는 탈출 트렁크를 겸한 해치 근처에 메신저 부이라고 부르는 장치가 설치돼 있다. 일반적으로 상갑판의 일부로 존재하며, 그 뒷면에는 인터내셔널 오렌지 색상으로 칠해진 원통형 부이 2개가 달렸다. 긴급한 상황에 함내에서 조작해 분리하면 부이는 거꾸로 돌고, 원통형 부이가 위로 향한 상태로 해면을 올라간다.

이때 상갑판을 구성하는 부분의 중심에는 메신저 와이어가 달려 있다. 메신저 와이어는 탈출 트렁크의 상부 해치에 장착된 철망, 해치 베일을 지나 상갑판의 아래에 있는 와이어 릴에 연결돼 있다. 부이가 상승하면 이 메신저 와이어를 당긴다. 와이어는 해치 베일로 인해 탈출 트렁크 속 상부 해치의 중심을 지나 상승한다. 원통형 부이에는 "이 아래에 있는 잠수함은 가라앉고 있습니다. 발견하신 분은 일본 해상자위대 또는 경찰에 연락해 주세요."라고 적힌 플레이트가 달려 있다.

레스큐 체임버를 탑재한 잠수함 구난함이 메신저 부이가 있는 위치에 도착하면, 닻 4개를 투입해 배를 고정하는 사점 계류 작업을 실시한다. 이는 구난 작업을 하는 도중에 구난함이 바람이나 파도의 영향을 받지 않도록 하기 위한 조치다.

메신저 부이를 회수한 다음, 잠수함에서 뻗어 나온 메신저 와이어를

▲ 잠수함 구난함 '지하야'(초대). 레스큐 체임버를 탑재하고 있다. 재압 탱크가 탑재돼 있었으나 잠수병의 위험을 피할 수는 없었다. (자료 협조 : 일본 해상자위대)

레스큐 체임버를 통한 잠수함 구난의 이미지

▲ 사점 계류 작업이 끝난 잠수함 구난함에서 레스큐 체임버를 잠수함의 탈출 트렁크 위로 내리는 모습. (참고 : 일본 해상자위대 자료)

빼고 레스큐 체임버 하부에 있는 와이어 릴에 고정한다. 레스큐 체임버는 이 메신저 와이어를 감으며 잠수함의 탈출 트렁크 위로 천천히 하강한다.

잠수함의 갑판에 도착한 레스큐 체임버는 스커트부의 해수를 제거하고 잠수함에 압착한다. 하부 해치를 열고 잠수함의 탈출 트렁크 해치를 열어서 승조원을 구출한다. 잠수함 내부에는 구출된 인원수와 동일한 수의 이동 밸러스트를 남기고 올라온다.

참고로 일본 해상자위대에서는 레스큐 체임버를 사용하지 않으므로 메신저 부이도 잠수함에 탑재하지 않는다. 또한 레스큐 체임버의 모양은 나라마다 차이가 있다.

레스큐 체임버의 한계

레스큐 체임버는 여러 나라의 각 해군이 채용해 수십 년 동안 운영했다. 하지만 바닷물의 흐름에 쉽게 영향을 받고, 잠수함이 기울어져 있으면 갑판에 압착할 수 없다는 한계가 존재한다.

가장 큰 문제점은 구출한 승조원을 먼저 대기압에 노출해야 재압 탱크에 수용할 수 있다는 사실이다. 이는 구출된 승조원이 잠수병에 걸릴 위험에 노출된다는 것을 뜻한다.

레스큐 체임버로 구출할 수 있는 수심은 메신저 와이어의 길이에 따라 제한된다. 게다가 레스큐 체임버는 구난 케이블 및 구난함의 케이블로 제어하기 때문에 환경에 영향을 크게 받는다. 해류가 강하거나 잠수함이 기울어져 있으면 사용할 수 없다.

◀ 사점 계류 중인 잠수함 구난함 '후시미' (자료 협조 : 일본 해상자위대)

▶ 준비 중인 레스큐 체임버 (자료 : 미국 해군)

◀ 잠수함 구난 훈련 중인 잠수함 승조원 (자료 협조 : 일본 해상자위대)

8-02 DSRV

심해에서도 잠수함 승조원을 구출할 수 있다

레스큐 체임버의 결점을 극복하기 위해 개발된 것이 심해구조잠수정(DSRV. Deep Submergence Rescue Vehicle)이다. 개발 계기는 1963년 4월에 발생한 미국 원자력 잠수함 '스레셔'의 침몰 사고였다.

스레셔는 수심 약 2,560m의 뉴잉글랜드 해안에서 침몰했다. 이 사고 이후 미국 해군은 잠수함 구난 심해 잠수 시스템의 개발에 착수했고 1971년에 DSRV-1을 완성했다.

일본 해상자위대는 1975년에 구난 실험정 '지히로'가 일본 기술연구본부에 납입된 이후부터 심해 구난 시스템 개발의 문이 열렸다.

일본 기술연구본부는 다양한 연구 성과를 도입했다. 1985년에 DSRV 1척을 탑재한 잠수함 구난 모함 '지요다'가 취역했고 요코스카에 배치됐다. 2000년에는 잠수함 구난함 '지하야'가 취역했고 구레에 배치됐다. 일본 해상자위대는 잠수함 구난함 1척을 항상 유지하고 있다.

DSRV의 기본 구조는 구체 모양을 한 내압선각 3개가 이어져 있는 모습이다. 가장 앞이 조종실, 중앙이 구난실, 뒤가 기계실이다. 외부에는 동력원인 전지, 추진기, 스러스터, TV 카메라, 매니퓰레이터가 탑재돼 있다. 이를 감싸는 선체와 잠수함에 밀착(메이팅이라고 함)하는 데 필요한 스커트부로 구성된다. 한 번에 구출할 수 있는 인원수는 12명이다.

◀ 잠수함 구난 모함 '지요다'. 함교의 후방에 보이는 하얀 것이 DSRV다. (자료 협조 : 일본 해상자위대)

◀ 잠수함 구난 모함 '지요다'의 센터 웰 위에 있는 DSRV (자료 협조 : 일본 해상자위대)

■ 심해구조잠수정(DSRV)의 주요 명칭과 구조 개요

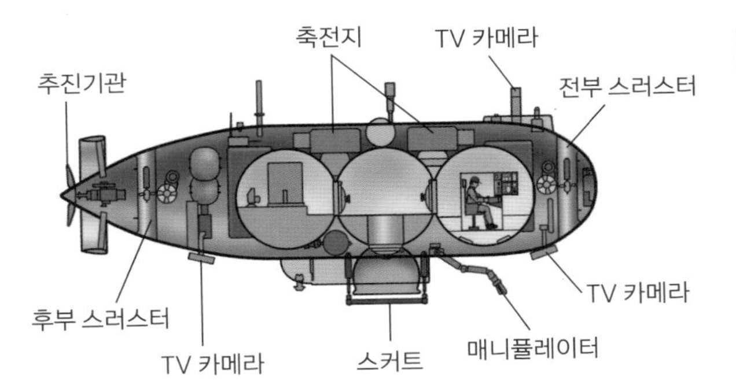

전장	12.4m
높이	5.5m
폭	3.3m
배수량	40톤
수중 속력	4노트
항속 거리	5시간
조종 인원	2명
수용 인원	12명

(참고 : 일본 해상자위대 자료)

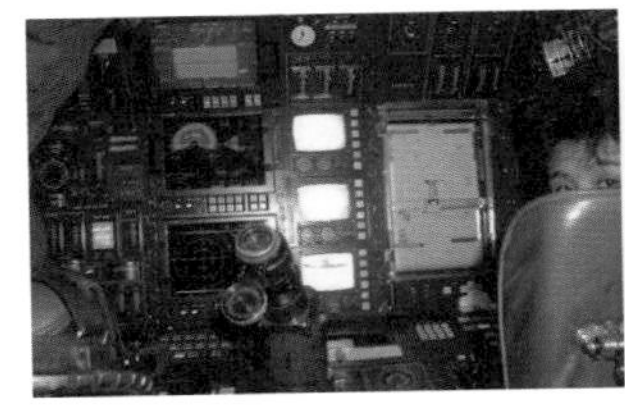

◀ DSRV의 조종실(왼쪽)과 구난실(오른쪽) (자료 협조 : 일본 해상자위대)

DSRV의 잠수함 구난

DSRV를 탑재한 잠수함 구난함(모함)이 침몰된 잠수함 근처에 도착하면 DSRV를 받침대에 태우고, 구난함(모함)의 선체 중앙에 있는 개구부(센터 웰)를 통해 물속으로 직접 내린다. DSRV는 미리 설치된 발신기를 이정표로 삼아 하강하며 잠수함에 접근한다.

잠수함을 확인한 DSRV는 필요하다면 매니퓰레이터를 사용해 방해물을 제거한다. 그리고 미리 정해둔 탈출용 해치 위에 밀착한다. 밀착이 끝나고 스커트 내부의 해수를 제거하고 나면 잠수함과 DSRV의 해치를 열어서 잠수함 승조원을 수용한다. 승조원을 수용해 올라간 DSRV는 구난함(모함)에서 내렸던 받침대에 진입한 뒤, 받침대와 함께 구난함(모함)에 수용된다.

잠수함의 내부 압력이 올라가 있는 상황이라면 구난함에 탑재된 재압 탱크에 DSRV를 직접 밀착한다. 이렇게 하면 구출된 승조원을 대기압에 노출하지 않고도 재압 탱크를 이용해 감압 처리를 할 수 있다.

DSRV의 가장 큰 장점은 이름 그대로 심해에서 구출이 가능하다는 점이다. 심해를 어디까지 정의하느냐에 따라 달라지겠지만, 적어도 잠수함이 수압으로 찌그러지지 않는 깊이까지는 잠수할 수 있다. 미국 자료에 따르면 미국의 DSRV는 '1,520m까지' 잠항할 수 있다고 한다. 일본은 DSRV의 수송 플랫폼으로 앞서 말했던 잠수함 구난함을 운용하고 있다. 전 세계에 걸쳐 잠수함을 운용하는 미국 해군은 DSRV와 지원 키트를 항공 수송할 수 있도록 조치해 놓았다. 구난 현장 가까이에 있는 공항에 수송한 다음, 가까이 있는 항구에 대기하던 원자력 잠수함에 탑재해 구난 작업을 진행한다.

DSRV를 이용한 잠수함 구난 작업의 흐름

(참고 : 일본 해상자위대 자료)

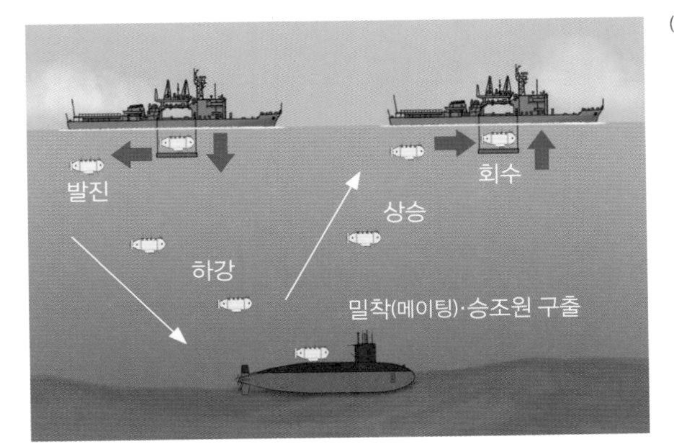

◀ 러시아 안토노프 An-124 수송기에 탑재되는 미국 해군의 DSRV
(자료 : 미국 해군)

◀ 로스앤젤레스급 원자력 잠수함 '라호야'에 탑재된 DSRV. 사세보 항구에서 일본 해상보안청의 순시정 '아이카제'의 호위를 받는 장면. (자료 : 미국 해군)

포화잠수함과 인원 이송용 캡슐

오랜 시간 잠수함 작업을 할 수 있다

잠수함 구난에서 중요한 또 다른 기술이 포화잠수다. 이론 설명이 길어질 수 있지만 먼저 포화잠수가 무언지 알아보자. 공기 성분의 약 80%는 질소가 차지한다. 잠수할 때 이 질소가 상당히 까다롭다. 심도가 깊어지면서 수압이 올라가면 이에 따라 몸 안으로 질소가 녹아든다. 이 상태에서 빠르게 부상해 압력이 줄어들면 녹았던 질소가 몸 안에서 기포로 변하며 혈전이 되고 관절통, 구토, 저림 등의 증상이 일어난다.

이런 사태를 피하려면 녹은 질소가 기포로 변하지 않도록 주의하면서 천천히 시간을 들여 부상하고, 질소를 몸 바깥으로 배출해야 한다. 하지만 잠수 작업의 효율 측면에서 보면 바람직하다고 보기는 어렵다.

이런 이유로 '체내에 녹는 질소의 양은 심도에 따라 한계가 있다.'라는 성질이 주목받았다. 수압이 올라가면 질소는 체내에 녹지만 무한히 녹지는 않는다. 녹는 양이 한계에 도달하는 것을 포화라고 부른다. 특정 심도에서 잠수 작업을 한다고 할 때 미리 잠수원을 가압 장치 안에 넣는다. 잠수할 심도를 기준으로 체내 질소를 포화 상태로 만든 다음에 해당 심도에 투입하면 오랜 시간 잠수 작업을 할 수 있다. 이것이 포화잠수다. 사고가 난 잠수함에 도착한 승조원은 DSRV가 잠수함의 승조원을 구출할 때 방해가 되는 요소를 제거하며 지원할 수 있다.

일본 해상자위대의 잠수함 구난함(모함)에는 포화잠수를 이용해 구난 지원을 하기 위해서 인원 이송용 캡슐(PTC. Personnel Transfer Capsule)이 탑재돼 있다. 구난 작업을 실시할 심도의 기압까지 가압하고, 포화 상태가 된 승조원은 PTC로 작업 현장에 투입된다. 작업이 끝나면 잠수함 구난함의 재압 탱크로 이동한다. 포화잠수를 실시한 잠수원은 며칠에 걸쳐 감압을 진행한다. 일본 해상자위대는 2008년에 실제 바다에서 포화잠수 450m에 성공했다.

▲ 잠수함 구난 모함 '지요다'와 PTC. DSRV의 앞에 오렌지색 프레임이 달린 것이 PTC다.
(자료 : 일본 해상자위대)

◀ 준비 작업 중인 PTC
(자료 협조 : 일본 해상자위대)

8-04 개인 탈출

한시가 급할 때의 동아줄

잠수함 구난에는 앞서 설명한 레스큐 체임버, DSRV를 사용한다. 하지만 사고가 난 잠수함의 상황에 따라서는 구난을 기다릴 여유가 없을 수도 있다. 이런 상황에서는 함장 또는 선임 생존자의 판단하에, 사고가 난 잠수함에서 개인이 각자 탈출한다. 이를 개인 탈출이라고 부른다.

개인 탈출의 역사는 의외로 오래됐다. 1928년에 앞서 말한 미국 해군의 맘슨 대위가 개발한 개인용 탈출 장비 '맘슨의 폐'(Momsen's Lung)가 사용되고 있었다. 1931년에는 영국이 데이비스식 탈출 장구를 사용해 잠수함 탈출에 성공했다.

개인 탈출에는 자유 탈출, 부력 상승 호기법(呼氣法), 부력 상승 호흡법 등이 있다. 자유 탈출은 인간이 가진 부력으로 상승하는 방법이다. 이 방법은 잠수병을 방지하기 위해 항상 숨을 내쉬어야 한다. 자신이 내쉰 숨으로 만들어진 거품보다 빠르게 올라가지 않아야 하므로 수면에 도착할 때까지 계속 숨을 내쉬어야 한다.

부력 상승 호기법은 팽창식 구명조끼를 착용하고 실시한다. 구명조끼에는 팽창 밸브가 있으며, 수압이 낮아지면 구명조끼가 팽창해 파열되는 것을 막는다. 이때도 호기법이라는 단어처럼 계속 숨을 내쉬어야 한다.

◀ '맘슨의 폐'를 달고 미국 해군의 V-5(이후는 나왈) 탈출 트렁크에서 나오는 승조원 (자료 : 미국 해군)

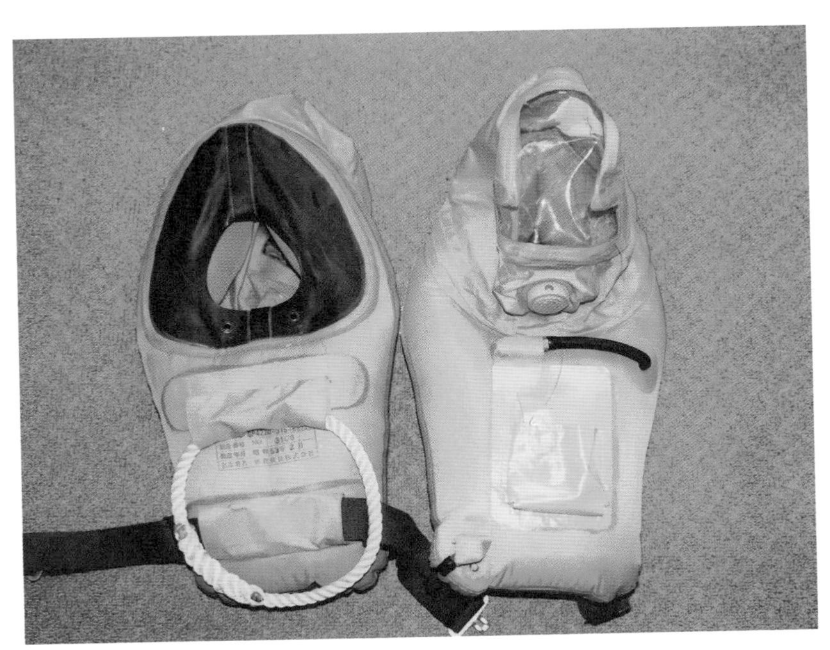

▲ 스타인케 후드. 사진 왼쪽에 있는 검은 가리개 뒤에 팽창 밸브가 달려 있다.
(자료 협조 : 일본 해상자위대)

그래서 미국 해군의 스타인케(Steinke) 중령이 새로운 탈출용 장구인 스타인케 후드를 개발했다. 구명조끼 위에 지퍼와 방수 테이프가 달린 후드가 있고, 후드를 쓰는 구멍에는 물의 침입을 막는 고무 스커트가 달려 있다. 부력 상승 호기법에 사용하는 구명조끼와 마찬가지로 팽창 밸브가 달려 있고, 상승하면서 수압이 감소하면 구명조끼 안의 공기가 팽창해 밸브를 통해 후드 안으로 이동한다. 그 덕분에 탈출하는 승조원은 공기를 호흡하면서 탈출할 수 있다.

다만 평범하게 호흡할 수 있는 것은 아니므로 강하게 "흡, 흡, 흡." 소리를 내며 세 번 호흡한다. 이를 통해 자연스럽게 숨을 들이마실 수 있다. 호흡을 반복하며 수면까지 올라간다. 수면에 도달하면 후드를 벗을 수 있고, 바다가 거칠다면 후드를 쓴 채로 기다릴 수도 있다.

하지만 낮은 수온에 대처할 수 없다는 점과 질소에 취할 수 있다는 문제가 있다. 일본 해상자위대는 잠수함 긴급 탈출 장비인 Submarine

◀ 스타인케 후드를 사용해 탈출 훈련을 하는 모습 (자료 협조 : 일본 해상자위대)

Escape and Immersion Equipment(SEIE) MK-10과 그 후속 장비인 MK-11을 도입했다.

일본의 잠수함 승조원은 정기적으로 개인 탈출 훈련을 받아야 한다. 히로시마현 에타지마시에 있는 일본 해상자위대 제1술과학교에 훈련 수조가 설치돼 있다. 이 훈련 수조는 잠수함 승조원의 탈출 훈련뿐 아니라 잠수원 훈련, 항공부대의 하강 구조원 훈련도 할 수 있도록 만들었다.

▲ '유시오급' 잠수함의 탈출 트렁크 내부. 이 안에 승조원 4명이 한 번에 들어가며 상부 해치 근처에 있는 은색 '스커트' 부분과 벽 사이에 머리를 넣는다. 그리고 사진에는 열려 있는 하부 해치를 닫고 밸브를 열어 해수를 탈출 트렁크 안으로 주수한다. 이때 수위는 스커트 하부보다 약간 높은 상태로 유지한다. 트렁크 내부에 있는 승조원은 끝까지 호흡할 수 있다. 이어서 잠수함의 현재 심도에 맞는 압력으로 트렁크 내부를 가압한다. 이제 외부 수압과 탈출 트렁크 내부의 수압이 같아져서 상부 해치를 열 수 있다. 이때 중요한 것이 체저시간(滯底時間)이다. 이곳에 머무를 수 있는 시간은 수심에 따라 제약을 받는다. 깊어질수록 시간은 짧아지며 그만큼 탈출 트렁크 내부를 빠르게 가압해야 한다. 스타인케 후드를 비롯한 장구를 사용한다면 공기를 넣어 팽창시키고 한 명씩 스커트를 지나 탈출한다. 마지막으로 탈출하는 사람은 해머를 사용해 '마지막으로 남은 사람이 탈출한다'라는 신호를 함내에 전달한다. 함내에서 이 신호를 확인하면 일정 시간을 둔 다음에 함내에서 탈출 트렁크의 상부 해치를 폐쇄하고 안의 해수를 함내로 배수한다. 그다음 4명이 다시 탈출 트렁크로 들어가서 탈출 과정을 반복한다. (자료 협조 : 일본 해상자위대)

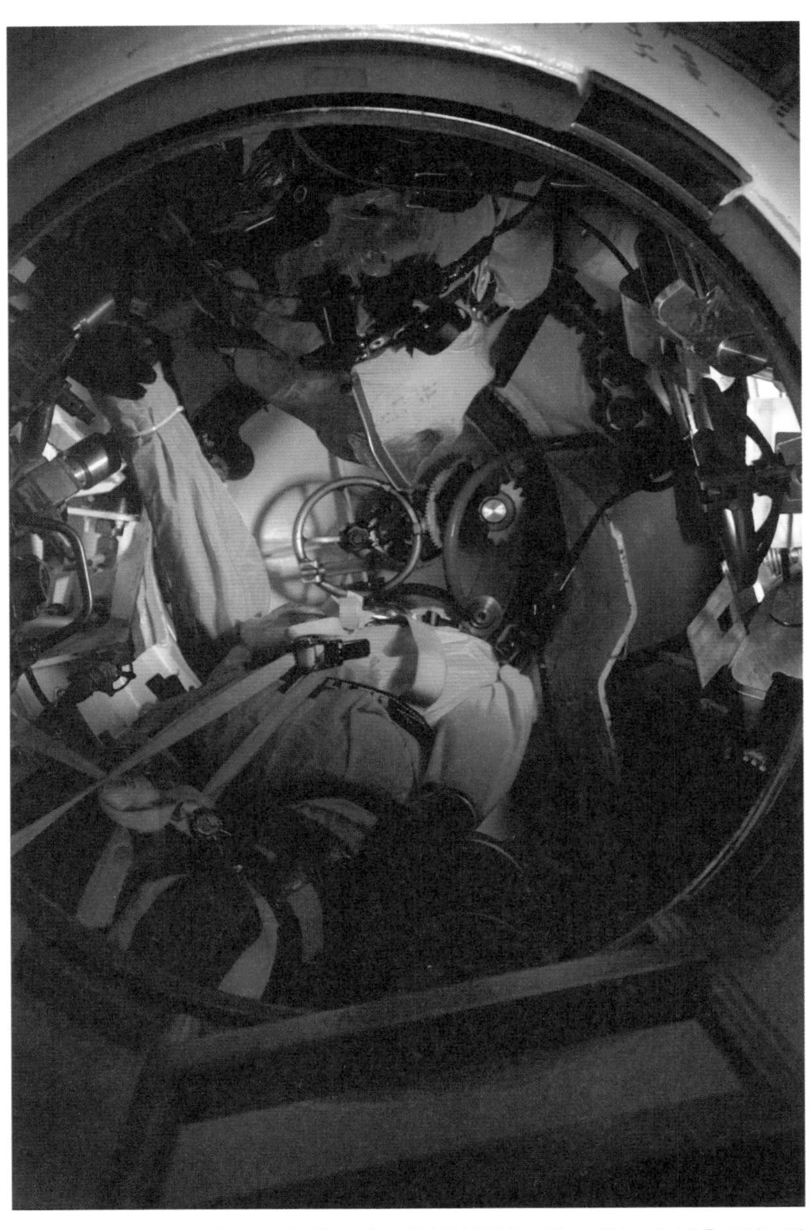

▲ 미국 해군이 보유한 원자력 잠수함 '버지니아'의 후부 탈출 트렁크 내부 모습. 탈출 트렁크 안의 승조원은 SEIE를 착용하고 있다. (자료 : 미국 해군)

■ 일본 해상자위대 제1술과학교의 훈련 수조 이미지

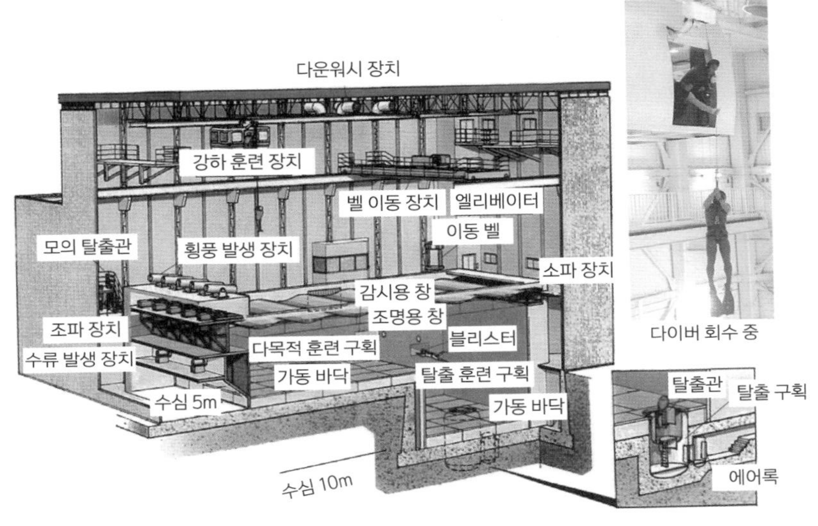

(도판 협조 : 일본 해상자위대)

▲ 미국 해군이 보유한 탈출 훈련 수조의 내부. 오른쪽에 모의 잠수함 탈출 트렁크의 상부 해치가 보인다. (자료 : 미국 해군)

COLUMN 1

잠수함에 승선하기까지

힘겨운 교육 훈련 끝에 얻는 돌핀 마크

잠수함에 승선하는 방법은 나라마다 다르다. 여기서는 일본의 경우를 소개하겠다. 일본 해상자위대 잠수함에 승선하는 방법은 이렇다. 간부라면 히로시마현 에타지마시에 있는 간부후보생학교에서 신체검사, 심리적성검사 등을 받고 성적과 본인의 희망을 토대로 잠수함 요원이 된 순간부터 잠수함 승선에 이르는 길이 시작된다. 해조사는 일본 해상자위대의 문을 처음 두드릴 때 거쳤던 가나가와현 요코스카시, 히로시마현 구레시, 나가사키현 사세보시, 교토부 마이즈루시에 있는 교육대에서 훈련을 수료하면 잠수함 요원으로 지정된다.

여기서는 잠수함 간부로서 승선하는 방법을 소개한다. 잠수함 요원으로 지정된 간부는 간부후보생학교를 졸업하면 연습함대에서 부대 실습, 일본 순항 및 원양 항해를 거치고 약 1년간 수상함 근무를 한다. 이는 잠수함이라도 바다를 상대하는 근무이므로 시맨십(seamanship)의 기초를 기르기 위해서다.

근무가 끝나면 구레시에 있는 잠수함 교육 훈련대에서 여러 교육을 6개월간 받는다. 그 내용으로는 잠수함 기초부터 잠수함 구조, 탑재되는 기기 및 무기의 개요, 잠항, 습격, 응급에 이르기까지 다양하다. 이 기간에는 실제로 잠수함을 타고 훈련하며 시뮬레이터를 사용한 실기 훈련도 진행한다.

잠수함 교육 훈련대를 마치면 부대 실습을 위해 잠수함에 올라탄다. 11개월간 부대 실습을 받는 중에 모든 기기의 배치, 해수, 유압, 진수, 공기 등 다양한 계통을 배운다. 이 기간에는 합전 준비에 관계된 모든 밸브, 스위치 등의 위치도 외운다.

잠수함에서는 초계장부, 잠항 지휘관의 견습생으로 근무하며 잠수함 근무에 필요한 지식과 기술을 습득하기 위해 노력한다. 실습한 내용은 실습 노트에 정리해 놓으며, 정기적으로 부장과 기관장, 선무장, 수뢰장의 점검을 받는다.

실습 기간이 끝나면 필기시험, 실기시험, 함장과 잠수대 사령관의 구두시험으로 구성된 자격인정시험을 치른다. 시험에 합격하면 정식으로 잠수함 간부가 된다. 실습이 종료되는 날에 모든 승조원이 정렬한 앞에서 함장이 왼쪽 가슴에 금색으로 된 잠수함 휘장, 이른바 돌핀 마크를 달아준다.

잠수함 요원의 교육 체계

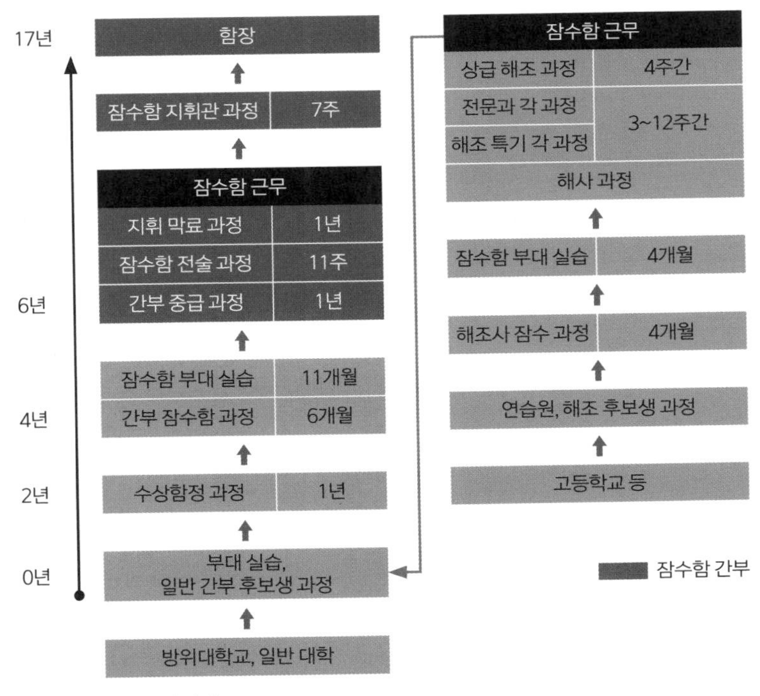

(참고 : 일본 해상자위대 자료)

COLUMN 2

함장이 되기까지

가장 짧아도 17년이나 걸리는 기나긴 길

잠수함 간부가 되고 잠수함 근무, 때로는 육상 근무를 거쳐서 대략 1위(尉)가 될 즈음이면 간부 중급 과정이라는 교육 과정에 들어간다. (217쪽 참고) 여기에서 수뢰, 기관 등 전문으로 하고 싶은 분야를 익히기 위해 더 깊은 교육을 받는다. 그리고 부대의 지휘관 또는 막료로 근무할 때 필요한 작전 임무의 기초를 배운다. 잠수함 간부는 간부 중급 과정 수료 후에 잠수함 교육 훈련대에 개설된 잠수함 전술 과정에 들어가며, 잠수함의 초계장으로 근무할 때 필요한 지식을 배우고 기술 습득을 위해 노력한다. 이 모든 과정이 끝난 다음에는 잠수함의 과장, 사령부의 막료 등으로 근무한다.

조금 전에 간부 중급 과정에서 전문 분야를 결정한다고 말했지만, 잠수함은 간부 중급 과정을 수료해도 계속 기관장으로 근무하지 않는다. 스리(3) 로테이션 방식을 채용해서인데 수뢰, 선무, 기관 중 하나의 간부 중급 과정을 끝냈어도 부장이 되기 전에 수뢰장, 선무장, 기관장을 경험해야 한다.

간부 중급 과정을 끝내고 어느 정도 시간이 지나면 지휘 막료 과정/간부 전공과의 선발 시험을 받을 수 있는 자격이 생긴다. 일본 해상자위대의 수많은 교육 과정 중에서 유일하게 입시가 있는 과정이다. 3일에 걸쳐 치르는 필기시험과 필기시험 합격자를 대상으로 치르는 3일간의 구두시험이 있다. 합격자 중에서 지휘 막료 과정에 선발된 사람은 간부학교에서 1년간 상급 부대의 지휘관과 막료로 근무할 때 필요한 지식을 배운다. 간부 전공과에 선발된 사람은 전문 분야를 설정해 1년간 연구에 힘쓴다.

이후에 잠수함 부장을 거치고, 함장으로 향하는 최종 과정인 잠수함 지휘 과정에서 함장에게 필요한 지식을 습득하고 기술을 단련한다. 함장이 되면 자신의 지휘관기를 휘날릴 수 있다.

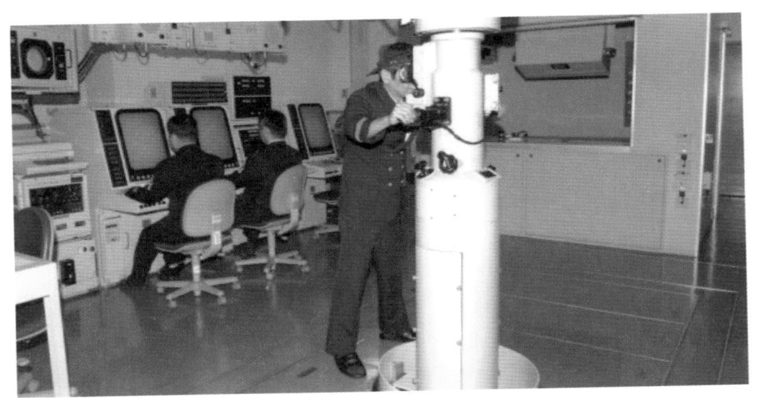

▲ 잠수함 교육 훈련대에서 습격 훈련을 하는 모습. 함장 역할을 하는 학생이 잠망경 관측을 하고 있으며 다른 학생 22명은 전투 지휘 시스템을 조작하고 있다.
(자료 협조 : 일본 해상자위대)

▲ 잠수함 교육 훈련대에서 잠수함 항해술과 훈련 장치를 사용하는 모습. 실제 잠수함의 함교 부분을 설치했으며, 주변은 스크린으로 둘러싸여 있어서 다양한 항해 상황을 연출할 수 있다. (자료 협조 : 일본 해상자위대)

참고 문헌

《시 파워 －이론과 실천－》, 야마우치 도시히데〈심해의 도전〉, 다치카와 교이치·이시즈 도모유키·미치시타 나루시게·마쓰모토 가쓰야 편저 , 후요쇼보슛판, 2008년
《연합함대 해공전 전투 상보16 잠수대·잠수함 전투 상보》, 스에쿠니 마사오·하타 이쿠히코 감수, 아테네쇼보, 1996년
《원자력 잠수함 －바다의 미사일 발사 기지》, 쓰쿠도 다쓰오, 교이쿠샤, 1979년
《일본 해군 잠수함사》, 일본 해군 잠수함사 간행회 편저, 신교샤, 1979년
《잠수함 －그 회상과 전망》, 호리 모토요시, 슛판교도샤, 1959년
《잠수함 사화》, 후쿠다 이치로, 1969년
《전사총서 잠수함사》, 방위청 방위연수소 전사부 편저, 아사구모신분샤, 1979년
《해군 X(잠수함·잠수 모함·부설함·포함)》, 해군 편집 위원회 편저, 세이분도쇼, 1981년
《Hitler's U-boat War : The Hunters, 1939~1942》, Clay Blair, Modern Library(New York), 1996년
《Hitler's U-boat War : The Hunters, 1942~1945》, Clay Blair, Modern Library(New York), 1996년
《United States Submarine Operations in World War II》, Theodore Roscoe, Naval Institute(Annapolis), 1949년

찾아보기

사

아

자

타

파

하

지은이 야마우치 도시히데

태평양 기술감리 유한책임사업조합 이사. 안전보장 분야를 담당하는 동시에 수석 애널리스트로서 국방·군사 분야에서 활발한 저술 활동을 하고 있다. 방위대학교를 졸업하고 해상자위대에 입대했으며 잠수함 '세토시오' 함장을 역임했다. 주요 저서로는《군사학 입문》《잠항》《중국의 해상 권력》 등이 있다.

옮긴이 강태욱

대학에서 경영학을 전공하고, 현재 출판기획 및 일본어 전문 번역가로 활동 중이다. 주요 역서로는《전술의 본질》《세계 명작 엔진 교과서》《맛과 멋이 있는 도쿄 건축 산책》《자동차 세차 교과서》《5분 논리 사고력 훈련 초급》 등이 있다.

잠수함의 과학

적을 은밀하게 추적하고 격침하고 교란하며 핵탄두까지 발사하는 잠수함 메커니즘 해설

1판 1쇄 펴낸 날 2023년 10월 30일

지은이 야마우치 도시히데
옮긴이 강태욱
주간 안채원
책임편집 윤대호
편집 채선희, 윤성하, 장서진
디자인 김수인, 이예은
마케팅 함정윤, 김희진

펴낸이 박윤태
펴낸곳 보누스
등록 2001년 8월 17일 제313-2002-179호
주소 서울시 마포구 동교로12안길 31 보누스 4층
전화 02-333-3114
팩스 02-3143-3254
이메일 bonus@bonusbook.co.kr

ISBN 978-89-6494-659-6 03400

• 책값은 뒤표지에 있습니다.